改变，从心开始

立 品 图 书·自觉·觉他
www.tobebooks.net
出 品

人的解读

身体健康、亲子关系与家庭治疗

[美] 杰米那拉（Gina Cerminara）著
刘珺 译

中国文联出版社
http://www.clapnet.cn

图书在版编目（CIP）数据

人的解读 /（美）杰米那拉著；刘珺译. — 北京：中国文联出版社，2016.11
ISBN 978-7-5190-1248-9

Ⅰ. ①人… Ⅱ. ①杰… ②刘… Ⅲ. ①心理学—通俗读物 Ⅳ. ① B84-49

中国版本图书馆 CIP 数据核字（2016）第 060692 号

人的解读

著　　者：（美）杰米那拉

出 版 人：朱　庆
终 审 人：张　山　　　　复 审 人：胡　笋
责任编辑：蒋爱民　　　　责任校对：傅泉泽
封面设计：肖晋兴　　　　责任印制：陈　晨

出版发行：中国文联出版社
地　　址：北京市朝阳区农展馆南里 10 号，100125
电　　话：010-85923066（咨询）85923000（编务）85923020（邮购）
传　　真：010-85923000（总编室），010-85923020（发行部）
网　　址：http://www.clapnet.cn　　http://www.claplus.cn
E-mail：clap@clapnet.cn　　jiangam@clapnet.cn

印　　刷：三河市华晨印务有限公司
装　　订：三河市华晨印务有限公司
法律顾问：北京天驰君泰律师事务所徐波律师
本书如有破损、缺页、装订错误，请与本社联系调换

开　　本：787 × 1092　　1/16
字　　数：140 千字　　印张：12.5
版　　次：2016 年 11 月第 1 版　　印次：2016 年 11 月第 1 次印刷
书　　号：ISBN 978-7-5190-1248-9
定　　价：38.00 元

目录

序 1

第一章　无限可能 1

神灵？从未有人亲眼见过。灵魂？没人成功探测到。不朽？有哪位死者曾回来向我们描述过它？天堂？我们的望远镜里找不到关于它的证据。

第二章　埃德加·凯西的医疗能力 9

埃德加·凯西所谓的“奇迹”完全是通过他惊人准确的诊断实现，而且经常施用于相隔千里之外的病人。

第三章　揭开生命之谜 20

灵魂就如一个演员，在每个演出夜里换上不同的戏服，扮演不同的角色；或者好比一只手，暂时戴上肉体这只手套，当它破旧之后，就从中脱出，再换上另一只。

第四章　几种身体病症 33

我们普通人的五种感官只能感受到巨大而错综复杂的命运织毯的狭小一角；在我们肉眼可见的平滑表面之下，隐藏着数不尽的背面线迹，和看不清的无形纠缠。

第五章　嘲讽导致不幸 40

骄傲可以招致非常切实的身体痛苦——尤其是通过嘲讽或轻蔑的言

行表现出的骄傲。冷酷的嘲笑和贬损的言辞似乎和肉体上的侵害等同，导致傲慢者在报应中亲身体验被其耻笑之人的身心剧痛。

第六章　一段插议　44

凯西通过从道德出发的、具普遍意义的和清晰明确的案例，提供了一系列对痛苦的评说，正是这一点引人入胜、激励向上、启迪心智，还能给人以深刻的慰藉。

第七章　暂缓执行　50

人类畏惧将来的苦难，这点不难理解；但是如果到来的困苦是出于公正的原则，是为了我们自己的教育成长和觉悟的升华，这种恐惧就是无谓的。

第八章　健康问题　57

解读充满了超卓的美好与力量。首先是通过医学专业术语做出对症状的病理描述，接着是关于体内的复原能量的评述，最后解读以精心准备的治疗处方作结。

第九章　心理学的全新维度　70

现代心理学假定人类个体之间的差异主要由双亲的基因决定，其次是受环境影响。但是灵魂的每一种特性都是自己取得，而非父母遗传。

第十章　人类的性格类型　76

不被需要的感受和内向性格驱使她自发地去付出努力帮助他人，这样就有希望被人喜爱、被人需要。她只有通过诚挚的无私行为才能摆脱这种窘境。

第十一章　惩罚型心理　83

凯西解读中还有许多案例是由精神上的罪行导致的严重心理问题。其中有两例较为突出的心理失调个案，其起因是对他人的失于包容。

第十二章　精神疾患　89

所有潜意识中的恐惧、憎恶、爱好、冲动，都是由自己遗赠给自己，就如一个人把自己的今天所得留给自己的明天。

第十三章　婚姻与女性命运　97

婚姻带给人类最高的幸福或是极端的束缚，在这两个极点之间还存在着各种不同程度的快乐与羁绊。

第十四章　何故单身　104

如果没有精神上的关照，爱恋过后的孤独，或是从未品尝爱情的孤独，就是最枯燥、最令人气馁的人类际遇之一。

第十五章　婚姻中的困境　111

一旦选择了配偶，双方就开始了必然的心理互动。凯西有关婚姻案例的透彻分析，揭示了婚姻选择与过去和未来之间的重要关系。

第十六章　背叛与分离　118

不忠是婚姻中普遍存在的问题。除了生理因素外，婚内不忠也归因于心理和社会因素。凯西解读提供了突出案例，体现出外遇的基本决定因素。

第十七章　亲子关系　122

在精神实质上，家长对于子女并不具备绝对的优势。所有的庞大灵魂社区的平等成员。从精神上来说，孩子并不属于父母，甚至也不是由他们创造的。父母只不过将他们唤至人间。

第十八章　家庭中的牵缠　128

在社会上，它构成了难以启齿的耻辱；在精神上，使人愤而质疑造物主对待人类的方式，使父母对孩子的幸福感到深切的焦虑。

第十九章　职业才能的根源　130

灵魂在本质上也必将是无关时间的，如果它能向将来无限延伸，那么也必曾在过去无尽存在。

第二十章　职业选择的哲学 133

对选择职业的困惑不仅可能因缺乏天赋造成，也可能由过于多才多艺而引起。有些人通过强度训练在每种领域中都取得了不凡的才能，使他们难以从中抉择。

第二十一章　人类才赋的探讨 144

挫折具有有益和有害的两个极性。当它促使人们发展新品质、创造新的艺术形式时，挫折就是善的；当它使人失去内在平衡，以至于让生命力在体内淤堵，挫折就是恶的。

第二十二章　性格层次与演变 152

对内在冲突的描述出现在人类生活的各个领域，包括在善与恶、精神与物质、理智与激情、良知与冲动、显意识和潜意识等等元素的对立之中。

第二十三章　灵活多面性 163

家庭只不过是灵魂流经的河渠。那些把一切性格倾向都归结于遗传、把所有人类病痛都归因于直接的物质层面因素的人，就像是一位宴会上的客人，感激侍者把佳肴送上了餐桌。

第二十四章　恪守一生的哲学 174

根据解读的说法，这是烦恼之人必须接受的首要事实。所有的困境归根结底都是自己制造的，因此也只能通过自我救赎。

结语 187

序

依我之见，吉娜·杰米那拉博士的这部著作是我接触过的同类著作中最为详尽全面的。

吉娜·杰米那拉在弗吉尼亚海滨市居住的两年期间，以一个训练有素的心理学家视角做出分析。她在对许多人的访谈中显露出熟练的采访技巧，因此这部著作的问世不但是作为研究个案历史的文献，也是让读者不忍释卷的精彩故事，展现了人们与不同寻常的潜能或困难作着斗争的非常真实的心理状态。

杰米那拉博士通过精神分析学查证资料，对人类历史上已知的任何最古老的信仰做出了研究。她的分析感知能力以及对广为人知的心理问题的可能解答的剖析，将整个主题从对原始愚昧的信仰的思考转化为令人起敬的严肃研究。

本书包含了对在求助个体遗传上找不到起因的多种问题的阐释。对于很多读者来说，杰米那拉著作最引人入胜的部分将是“亲子关系”、“婚姻与女性命运”以及“职业才能”等章节。在这些领域内，透过作者明晰的分析，读者应该很容易为自己找到一面清澈的镜子，可能为踏上更加丰沛和完满的人生旅程带来极大助益。

随着对催眠作为医疗手段的接受，越来越多的深藏记忆领域被开启。很多致幻药剂显然可以冲破头脑的阻碍，释放出意识感知范围之外的记忆。精神病学家伊恩·史蒂文森的成就尤为突出，他研究了六百多例个案。

杰米那拉博士指出：“一个新的理念的时代来临了，它的威力无与伦比。”毫无疑问，这部著作显然为这样一种理念开辟了道路，读者将要面临的是令人兴奋的阅读体验。

休·林恩·凯西

第一章　无限可能

“人类降生，承受苦难，而后死亡。”在法国作家阿纳托尔·法朗士讲的一个故事里，一位智者曾以这十二个字概述了人类的全部历史。

另一个更为古老、影响更为深远的故事也讲述了人类的苦难。这是后来成为佛陀——“悟道者”悉达多王子的传奇。悉达多的父亲是一位富有的印度国王，下定决心要保护自己的儿子，不让他知道世间的丑恶。王子在这种美好的与世隔绝之下长成了一位青年男子，娶了一位美丽的公主，而从未踏出宫墙半步，直到他的第一个孩子降生。年轻的悉达多王子尽管沉浸在妻儿围绕的幸福之中，仍然难以抗拒对外部世界的好奇。他设法绕过宫殿守卫，进入这座熙熙攘攘的城市，开始了人生的第一次游历。

在这次决定命运的旅程中，在街上见到的三个景象深深地震撼了他：一位老人、一位病人和一个死人。善感的年轻王子十分震惊，询问自己的仆从这可怕的不幸所为何来。在得知这三种痛苦不但并不罕见而且全部人类都难幸免之后，王子受到了如此巨大的冲击，他无法再让自己回到从前安逸享乐的生活。抛却在俗世拥有的一切，他踏上了获取智慧的征程，希望借此帮人类从苦难中解脱。终于，在许多年以后，他大彻大悟，获取了自己所寻求的智慧，并且随着他内在的光辉为人所共识，得以向他们传授解脱之道。

并不是我们所有人都能像佛陀一样，斩断情爱、权力、财富、安逸生活和家庭的温暖纽带，去追寻如此虚无缥缈的所谓“意义”。但我们大家都有可能、并且最终无可避免地开始关心同一个问题：人类为何要受苦？要怎么做才能脱离苦海？

理想主义小说家们构想了这样一个时代的来临：两种给佛陀带来强烈震撼的烦恼——衰老和疾病已被禁绝。但他们还无法设想出第三种可能——即使对近代物理学的最绝妙的应用，也无法杜绝被人类视为终极敌人的死亡。同时，在一个更健全的世界组织及其资源有能力并且愿意为全体人类带来安全、健康、和平、美好和青春之前，我们始终面对着千百种不安、危险和上万种破坏幸福和内在平静的威胁。火灾与洪水、瘟疫与地震、疾病与困厄、战争与灭顶之灾——这些属于外在威胁。而人的内在精神世界中也充斥着各种弱点和不足——自私、愚蠢、嫉妒、恶毒和贪婪——它们是同时为自己和身边的人带来痛苦的根源。

当我们心绪高涨时，例如被音乐或是日出的崇高至美所折服，我们感到宇宙的心脏必然藏着喜悦和良苦的用意；而再次转身面对生活的无情现实，以及它的残酷和碾碎希望的挫折时，只要我们还有哪怕一点知觉、温情和哲思，就不得不提出那些终极问题——平心而论，除了求生这个明显而现实的原因外，什么是生命的意义和目的？我是谁？我为什么存在？我将去往哪里？我为什么要受苦？我与其他人彼此之间的真正联系是什么？我们与巨大交织的宇宙力量，以及或许存在的某个超越我们而又包围着我们的至高权威之间的共同联系又是什么？

这些是人类最基本最古老的疑问。如果这些问题得不到解答，则所有那些暂时缓解无论是肉体还是精神痛楚的权宜之计终将毫无意义。除非痛苦本身的生灭得到解释，否则一切都无法明了。直到能为最微不足道、最遥不可及的生灵承受的苦难追根究底之前，一切疾苦都不明不白，而我们对生命的哲学领悟就仍是不完善的。

从最久远的年代起，即使是最原始的人类也曾提出这些根本性问题。他们曾仰望庄严的苍穹，深感人类的挣扎和伤痛并非看起来那样可鄙或徒劳。他们或借助人类和星空之间的高深宇宙联系为一切赋予意义，或察觉到林中存在的幽灵而宣称万物皆有灵，包括人类自己——而人类的灵魂仅在地球上短暂地生存和经历苦难，死后就去往更幸福平静的所在。又或许他们分辨出了自身的对与错，由此认为宇宙伦理中必然存在更深刻的是与非，并且在另一个遥远的空间存在着施行奖与罚的宏伟世界。

古往今来，这样的信仰和理论有上千个，其中一些较为原始粗鄙，而另一些则更加完善合理。在今天的世界各处，人们投身于各自的生活，奋勇地迎战困厄，因为他们坚信着这些理论中的某一个，并且把它当作真理。有些人是穆罕默德的信徒，信从一种教义；还有些是佛陀或是圣人那纳克[1]、摩西、耶稣、克利须那[2]的追随者，他们则各自另有所忠。还有千万人认为，除了求生的本能以外，人类的生命别无他解；更有人甚至已不再为此烦恼，而是宁愿尽情享受眼前的安逸快乐。

我们这些在基督教传统下长大的人，对人生及其苦难有着自己的看法：人拥有不朽的灵魂；苦难是上帝给我们的考验，而天堂与地狱是等待着我们的奖赏或惩罚，取决于我们如何应对生命中的挑战。我们相信这种说法的人之所以相信它，并不是因为掌握了任何证据，而是在遵从父母和主教的教诲；

[1] 那纳克（Nanak，1469—1539）是著名的十大宗师之一，在印度影响极大，被奉为锡克教创始人。

[2] 克利须那（Krishna）印度教的神祇。又译吉栗瑟拏，亦称黑天。

而他们也同样是在遵循他们的双亲和教士的传承；如此寻根究源，直到我们追溯至一本叫作《圣经》的书和一个名叫耶稣的人。

对于《圣经》，大多数人都会赞同这是一本非同凡响的典籍，而耶稣——无论他是凡人还是上帝之子——是一位了不起的人物。但是，自从文艺复兴以后，西方人开始质疑仅凭师长权威传下的信仰，无论对象是一本书还是一个人。我们对凡是铁面无情的科学实验证实不了的信仰都越来越怀疑。

托勒密曾说太阳围着地球转，而他的言论被教会所接受和宣扬；哥白尼使用自己发明的仪器证明事实正相反，是地球在围绕太阳转。亚里士多德写下了重量不同的两个物体落下时，较重的物体会先着地，而他的心理学和科学观点被教会全盘采纳；伽利略仅凭一个比萨斜塔上的简单实验就证明体积相似但重量不同的物体落下时会同时着地。《圣经》中的无数字句，以及直观的常识判断都指出世界是平面的；而哥伦布、麦哲伦以及其他 15 世纪的探险家却通过向西航行而抵达东方这一无可辩驳的成就，不动声色地推翻了这种成见。

通过以上的例子以及其他上百的实证，人们逐渐发现古老的权威未必正确。由此诞生了科学的态度，而现代人头脑中的怀疑论也随之产生。一个又一个的新发现打乱了人们曾经深信的井井有条的世界图景。神灵？从未有人亲眼见过。灵魂？没人成功探测到——无论是潜伏在原生质里的，还是如笛卡尔推断的那样驻扎于大脑中的松果体上。不朽？有哪位死者曾回来向我们描述过它？天堂？我们的望远镜里找不到关于它的证据。上帝？只不过是一个不着边际的设想，一种需要父亲替身的心理需求的映射。宇宙是一架庞大的机器，而人类是些小型机器，由偶然排列的原子和自然进化的过程造就。痛苦是人类在挣扎求生时逃脱不了的命运，除此之外别无“意义”，也没有什么目的。死亡是化学元素的分解，除此以外，死后一切都将不复存在。

在遵从伟人的权威，或是伟大的著作，或者伟大导师的同时，我们自己拥有的五种感官的决断权被取代了。而现代科学固然以显微镜、望远镜、X射线和雷达扩大了我们的感知范围；以逻辑推理、数学和具有可重复特性的实验技术系统化了我们通过五感接收到的信息；但是基本上科学和推理的验证也就是我们五种感官的验证。作为科学基础的知识结构始终依赖着人类的眼、耳、鼻、舌和触觉。

近几十年里，随着我们掌握的知识——或者说自认为掌握的知识日益成熟，我们对之产生的怀疑却也在不断加重。我们利用自己无所畏惧、引以为傲的感知功能创造的仪器，却反讽地显示给我们，这些感知器官本身存在着缺陷，并不完善，不足以让我们掌握真实全面的世界。仅需列出我们时代所发现现象中的少数几种：无线电波、放射现象、原子能，就无可置疑地说明我们被看不见的各种信号波和脉动的能量所包围，而即使物质中最微小的颗粒也蕴藏着量级巨大得超乎我们想象的威力。

现在，我们能够略为谦逊地认识到，通过自己的眼睛和耳朵感知外部世界，就好比关在身体这座狭隘的牢笼里透过细小的窥视孔向外张望。我们对光振动的敏感度只能让我们感知到全部光波的一小部分。我们对声波的振动敏感度，可以说只展示给我们整个宇宙音响键盘上的区区一个八度。从商店里用五毛钱买来的狗笛可以唤来我们的小狗，但对我们自己来说却是无声的，因为它的振动频率超出了我们的感知上限。还有许多种其他走兽、鸟类和昆虫，它们的听觉、视觉和嗅觉的感知范围与我们自己的不同，因此它们的宇宙也就包含了许多我们未曾察觉也无缘感知的内容。

一个善于思考的人会开始审视狂傲的人类这怪异的奇葩——在感知现实

方面输给了走兽、昆虫、鸟类和自己的天才发明；他会开始思索亲自感受这些美妙的隐形事物的可能性……举例来说，假设我们可以通过某种方式训练或者增强自己的感官功能，恰使我们对声和光的振动敏感度增加那么一小点：难道我们不会因此察觉到许多从前无法感知的事物吗？再设若我们中的少数人生来就具有稍加宽广的敏感度范围，对他们来说看到和听到我们普通人接收不到的信息，不是很自然的事情吗？难道他们就不可能拥有顺风耳，如同自带无线电接收器；或者具备千里眼，类似于内置电视荧光屏？

被二十世纪发明的仪器揭示出的巨大、不可思议的充斥着隐秘物质和能量的无形世界促使我们思考以上的种种可能性。而当回溯人类漫长而奇异的历史时，我们发现史册记载中似乎确实存在着许多这类拓展感知能力的事件，其中包括十八世纪伟大的数学家、科学家伊曼纽·斯威登堡。据传记作者们说他在晚年获得了超乎寻常的感知才能，有一个展示出他电视传输般感应能力的事件尤其广为人知，因为它被许多著名人物所证实，其中包括哲学家伊曼努尔·康德。

某天傍晚六点钟的时候，正在哥德堡与朋友们共进晚餐的斯威登堡突然情绪激动，宣称说三百来英里外的他的家乡斯德哥尔摩爆发了一场危险的火灾。稍后他又声称大火已经吞噬了他一位邻居的家，并且作势要摧毁他自己的房屋。当晚八点钟，他如释重负地高喊说火情在离他家三栋房屋之处被止住了。两天以后，斯威登堡的每一个描述都被真实的火灾报道证实了，而且爆发的时间恰如是他第一次感应到火情的同一个小时之内。

斯威登堡的例子只不过是记载于史书上、伟人生平中、小有名气者和无名小卒的传记里的成百上千个类似事件中的一个。我们再稍举几个例子：根据传记作者或是伟人本人的描述，在马克·吐温、亚伯拉罕·林肯和圣桑各自生命中的某段时间，都曾产生过怪诞突兀的预感，感应到了发生在遥远之处或是在数月以至数年之后分毫不差地发生在自己身上的事件。对于斯威登堡来说，看到远处事物的能力后来发展成了强大持久的异禀，而在大多数其他例子中，超常的感知能力似乎只在紧急关头才会出现。

我们这些生长于西方世界的人一直倾向于抱着一丝猜疑对此类事件侧目而视。无论证据有多么确凿，曾被高尚睿智的人士验证无误，也无论它们发生得多么频繁，我们向来惯于扬起一条眉毛，耸一耸肩膀，将其称为“巧合”，或是用一句“挺有意思”轻轻打发，而不再有下文。

但现在我们不能再如此轻易地对之置若罔闻了。对于一个警醒到未解之谜中可能包含的重大发现，了解伟大科学潮流及时代需求的有识之士来说，关于人类潜在具有的特异功能的整个课题都含有极大的重要性和意义。

美国杜克大学的 J. B. 莱因（J. B.Rhine）博士就是这些具有远见卓识、认为超感官现象值得系统实验研究并且真正着手进行了这类探索的科学家之一。从 1930 年起，莱因博士和他的同事们就在从事对人类的心灵感应的广泛研究。运用密切控制下的可复验的实验手段，并且严格忠于科学的方法，莱因发现许多人类个体能在实验室条件下展示超感官能力。他的实验经过严谨的统计学技术测评，严格地说，得出的实验结果不可能是源于巧合［关于莱因博士所采用的方法和实验成果详见于 1947 年出版的著作《心智的拓展》（*The Reach of the Mind*）］。其他科研者，例如法国的瓦科利耶（Warcollier）、俄罗斯的科季克（Kotik）以及德国的提奇纳（Tichner），也采用实验技术分别独立研究而取得了和莱因相同的结论。不断增多的科学证据正慢慢地动摇西方世界对于人类心智的构成中存在具有心灵感应能力的主流怀疑态度。

那么，从以下三点来看，似乎确有理由相信，人类具有的狭隘感官能力可被拓展：第一，从推理上来说，相信这样一种拓展的可能性是合理的；第二，从历史来看，大量累积的真实可信的奇闻轶事显示这种拓展曾在许多事例中发生；第三，从科学上讲，不断增长的大量实验数据正以可重复的科学实验证实，人类能够体验超越普通感官范围的感知能力。

但是迄今为止，它在实际应用中所具有的潜能甚至还未被涉及，尽管这种潜能是非常巨大的。很显然，如果人类能具有不需依赖五官的感知能力；如果我们能在特定条件下，如同内置电视接收器般“看到”宇宙中其他地方发生的事情，而无须使用肉眼——那么我们将拥有一种全新的获取关于我们自身和我们置身其中的宇宙知识的重要工具。

许多世纪以来，人类创建了无数的丰功伟绩。我们的力量与技巧赋予了我们按照自己的意愿征服宇宙和降顺事物的能力。但是尽管拥有这样的威力与灵巧，人类仍然处于脆弱和易受伤害的状态；尽管获得了无数对外的胜利，我们仍感到自身的软弱和迷茫；在取得了所有那些在艺术、文化和文明领域的造诣之后，仍困惑于从生至死如影随形般追随着我们自己和我们的至爱亲朋的那些人生痛苦，想不通它们到底有何意义和目的。

近些年来，人们已经探索到了原子内部的幽深隐秘之处。也许，随着这些新揭示的超感能力，和刚刚开启的对显意识和潜意识之间奇妙联系的认知，人们正站在探进自己内心世界神秘幽深处的边缘。也许我们在历经如此漫长的暗中摸索之后，终于可以为重大而根本的自身存在之谜——我们降生的目的和受苦的根由——找到科学、圆满的解答。

第二章　埃德加·凯西的医疗能力

凯西生命的晚年被人称为“弗吉尼亚海滨市奇人”。这个头衔带有误导，尽管成百上千人在他的协助下获得了非凡的治愈——他的事迹中不存在手抚病除的奇效，没有神迹的显现，也没有仅靠亲吻衣角就可抛下的拐杖。埃德加·凯西所谓的“奇迹”完全是通过他惊人准确的诊断实现，而且经常施用于相隔千里之外的病人。此外，他是依靠催眠状态激发——这一事实对于那些精神治疗师来说应该具有特别的意义，因为他们正越来越频繁地将催眠用作治疗手段，以及探索潜意识心理的工具。

展示凯西催眠能力的最戏剧化的例子之一，是来自阿拉巴马州塞尔马市的一位年轻女孩的病例。她毫无来由地失去理智，被送进了精神病院，深深关心着她的兄长向凯西求助。凯西在他的长椅上躺下，进行了几次深呼吸，然后让自己进入催眠状态。在接受了查看并诊断女孩身体的简短催眠指令后，他于短暂的停顿后开口说话，就像所有被催眠者接受暗示后所做的一样。但是与大多数被催眠者不同的是，他仿佛具备了X光眼一般，能够对精神错乱女孩的身体状况予以概述。他说她的一颗智齿受到挤压，而碰到了大脑中的一根神经；拔除那颗智齿将解除压迫，使女孩回复常态。后来女孩去检查了他所描述的口腔部位，之前未被考虑的挤压病状被找到了。适当的牙科手术使女孩的神志彻底复原。

另一个突出的病例是一位肯塔基州年轻女士生下的早产婴儿。孩子从出生起就一直疾病缠身，四个月大时发作了重度的痉挛，他的三名主治医生，其中包括孩子的父亲，都怀疑孩子活不过当天，绝望中的母亲向凯西求诊。催眠中的凯西开出了有毒的颠茄制剂，并嘱如有必要，需紧跟着服用解毒剂。母亲不顾医生们的强烈反对，坚持施用了有毒的药剂。痉挛几乎立刻停止了，喂下解毒剂之后，婴儿伸展肢体，放松下来，安静地入睡。他的生命得到了挽救。

这些事件以及其他数百个类似的例子，若被归类为心理学上的“信仰疗法”并不合适。因为只有在极少数的凯西病例中才会有前面两个例子中那种几乎是瞬间的疗效，而在每个病例中，他建议的治疗方法都非常切实，有时还非常繁复——可能包含药剂、手术、食疗、维生素疗法、水疗、正骨术、电疗、按摩，以及自我暗示疗法。此外，这些病例并不是来自轻信之徒的夸张或捏造，弗吉尼亚海滨市的档案里一直保存着有缘得到凯西帮助的三万多个病例中每一例的认真记录。这些记录可以让任何有资格且有意向的人进行详查。它们包括来自世界各地被痛苦困扰之人的咨询、请求和致谢信函，上面都有日期，还有来自医生的信件、记录和证明以及凯西在催眠状态下说出的每一个字的速记抄本。这些材料共同组成了相当可观的文献证据，证明凯西疗病能力的真实有效性。

1877 年，埃德加·凯西出生于肯塔基州霍普金斯维尔市附近，父母是未受过教育的农人。他在乡村学校读到九年级，虽然一直怀有成为传教士的雄心壮志，环境却并未允许他继续深造。农场生活并不能吸引年轻的凯西，他迁往城市，先是在一家书店当店员，后来成为保险推销员。

在他 21 岁那年，命运发生了荒诞的转折，进而改变了他的人生：他因饱受喉炎的折磨而失去了声音。一切药物治疗都不起作用，他咨询的所有医生都爱莫能助。由于无法再继续推销员的工作，年轻的凯西在父母家中住了近一年，为看似无法治愈的疾病消沉沮丧。

最终他决定从事不太依赖语言的摄影行业。在给摄影师当学徒期间，一位名叫哈特的云游四方的娱乐家和催眠师来到本市，在霍普金斯维尔剧院中举办夜场演出。哈特听说了凯西的病情，提出试用催眠方法为他治病，凯西欣然同意。但这次尝试仅在凯西进入催眠的一段时间内成功——他能对哈特的暗示指令做出反应，并以正常的声音开口说话，但在被唤醒之后，失声的病状顽固重返。哈特又尝试在凯西进入催眠恍惚状态后，发出让他在唤醒之后还能正常说话的指令。虽然这种被称为"后催眠暗示"的手法常能生效，并曾帮助无数人战胜了过渡吸烟和其他陋习，这次却没能在凯西的治疗中取得成功。

由于哈特还与其他城市有演出约定，因此无法继续这些尝试，但一位名叫莱恩的本地人一直在饶有兴趣地跟进凯西的治疗进展。莱恩本人正在研究催眠暗示疗法和正骨术，并且也是一位富于天分的催眠师。他询问凯西可否在其仍未痊愈的喉咙上尝试自己的治疗技术，后者对于任何可能恢复声音的实验都欣然应允。

莱恩的想法是向催眠状态下的凯西暗示，让他自己描述身体失调的性质。说来也怪，凯西对莱恩的指令完全照做了。他以正常的声音开口（这也是在响应莱恩的提示），叙述自己声带的病情。"是的，"他说道，"我们可以看到这具身体【他在此处及其后的解读中都采取类似社论语气的我们】……在通常状况下，这一个体无法发声，这是由神经压力造成的声带下部肌肉局部瘫痪所致，这是由心理因素导致的生理异常。在潜意识状态下暗示其增强患处的血液循环，或可移除病变。"

莱恩立刻向凯西暗示说他病处的血液循环将会加快，病症会随之减轻。慢慢地，只见凯西的胸膛上部，接着是喉部开始变成粉红色，继而玫瑰红，最后成了紫红色。大约二十分钟后，这个沉睡中的人清了清喉咙，说道："现在没问题了。病症消除了。请给出让血液循环恢复正常的暗示，并说身体会随之醒来。"莱恩按其建议发出指令，凯西醒了过来，在患病一年多后第一次开始正常说话了。在其后的数月间，他经历了偶尔的复发，每次莱恩都给予相同的关于血液循环的暗示，而症状也都随之解除。

对于凯西来说，这件事本可就此结束，但莱恩却意识到了它所蕴含的启示。他熟悉催眠术发展史，想起在现代催眠术之父麦斯麦[1]的后继者——法国的帕西格[2]的早期经历中曾有过与此类似的事件。他忽然想到，如果凯西在催眠状态下能够观察和诊断自己的身体，他可能也具有诊视他人的能力。于是两人在莱恩身上做了个试验，诊治他已患有一段时间的胃病。这次尝试的结果是成功的。催眠中的凯西描述了莱恩身体内部的情形，并提出治疗建议。莱恩十分高兴，这些描述完全符合自己所知的症状，也与数名医生提供的诊断一致。但凯西建议的疗法中却包含了以前无人提及的药品、食谱和锻炼方式。他尝试了凯西的疗法，并且在三周后感觉病情显著减轻了。

凯西对于这整个的事件充满疑虑，但莱恩却很兴奋，并急切地想知道他们能否帮助其他被病痛折磨的人。对于凯西来说，当他在十岁时开始每年将《圣经》从头至尾通读一遍时，就渴望成为像耶稣的门徒那样救助和疗愈他人

---

[1] 弗朗兹·安东·麦斯麦（Franz Anton Mesmer，1734—1815），奥地利精神科医师，早期催眠术使用者。

[2] 帕西格（Marquis de Puysegur，1751—1851））描述了现代意义上催眠的三大基本特征：1. 被催眠者的注意力集中在催眠师身上；2. 无条件地接受暗示；3. 在被催眠状态下出现遗忘。

的人。后来他决定为此成为一名传教士，但这志向却因环境条件限制。现在，以一种怪诞的方式，他面前即使有治愈他人的机会，但却不敢接受。假如他在沉睡中说出的话后来证明有害——甚而致命呢？莱恩向他保证不会有危险，因为他自己对于医疗手段有足够的了解，将否决任何不安全的建议。凯西向经文中寻求指引，最终同意诊治那些愿意在如此非正统的方式下接受帮助的人，不过他坚持让病人仅将这些治疗当作尝试，并拒绝为此接受任何钱财。

莱恩开始以速记法记录下凯西在催眠中的话语，并把这些资料称为“解读”，这并不是一个非常精准的术语，但也并没找到更加合适的名称。

现在，凯西开始从照相室工作之余挤出时间，诊治患病的市民。他的诊断中最令人惊异的元素之一是，尽管在清醒时对医学一无所知，甚至从未读过任何相关著作，他对解剖学和生理学术语的运用却是十分精确。而对于他本人来说，最感诧异的是人们因照着他的说法去做而确实获益这个事实。他对莱恩的病例持有怀疑，因为那也许只是莱恩一厢情愿的想象让他相信病情好转。凯西自己失而复得的声音显然不是凭空捏造，但那也许只是一个幸运的巧合，又或许这种天分只对他自己有效。在凯西早年，他持续不断地与所有这些怀疑做斗争。疑虑后来逐渐被无法辩驳的事实打消，因为即使是对那些据称不可治愈的病例，凯西提出的疗法也都一一生效。

关于凯西非凡天赋的消息渐渐传开。一天，他接到一通长途电话，来自霍普金斯维尔公立学校的前主管，他五岁大的女儿已经有三年的病史。她在两岁时患上了流行性感冒，从那之后心智就停止了正常发育。她的双亲求助于许多医学专家，但所有人都对孩子束手无策。近来她越来越频繁地发作痉挛，而最近一位接诊的专家宣称她患有一种罕见的脑部疾病，将会导致失去性命。这对父母满怀悲痛，将女儿领回家去等死，正当此时从朋友那里听说了埃德加·凯西的神奇能力。

这家人的故事触动了凯西，他同意专程出门为其提供解读。由于经济上的拮据，他觉得自己有必要接受这家人提供的火车票。这是他首次为自己的服务收取物质回报。

但他启程之时却心怀疑惧。等他亲眼见到那个年幼的反常孩童之后，更加强烈地感到自己过于自以为是了。他，一个未受教育的农夫的儿子，对医学一无所知，竟试图治疗一个连全国最棒的医学专家都无计可施的病童。他带着惶恐在这家人客厅的沙发上躺下，让自己进入催眠。但就在催眠之后，所有的自我怀疑都烟消云散了。莱恩当时在场，负责发出指令，然后一如既往地转录了凯西的言辞。于是，这位陷入沉睡的摄影师以之前使用的沉着而流畅的自信言语，开始描述孩子的症状。他说女孩就在患流感前曾从马车上摔下，感冒病菌在伤处盘踞不去，引发了痉挛。适当的正骨治疗调整将可缓解压力，使孩子恢复正常。

孩子的母亲确认了她从马车上摔下的事实，但是由于没有明显的伤痕，她从未想过这会与女孩的异状有关。

莱恩按照指示为孩子做了调节治疗，其后的三周内痉挛就不再复发，而头脑也呈现出明确的清醒征兆。她叫出了一个娃娃的名字——那是她发病前最心爱的玩具；随后，她几年来第一次呼唤出父亲和母亲的名字。三个月后，满怀感激的双亲报告说孩子在各方面都恢复了正常，而且正迅速地追回那迷乱的三年带来的损失。

诸如此类的事例让凯西感到放心：使用如此奇特和捉摸不透的能力不是一个错误决定。这也使他更声名远播。新闻媒体忽然发现了他，将他的事迹公之于众；他开始接到迫切求助者的长途电话和电报。与此同时，他了解到自己只需在催眠暗示中听到患者的确切姓名，所处的位置，包括州名、市镇名和街道地址。在他进行解读时，常常先小声评说一下患者所处的环境，例如：“今早这里的风可真大啊。”“瑞士的温特图尔。太漂亮了，不是吗？优美的溪流。”“患者正在离开，乘电梯下降呢。”“这套睡衣看起来真不赖。”“是的，我们能看到母亲在祈祷。”这些描述无一例外地被证实是准确的，为他能力的有效性提供了又一个佐证。

但是，无论病人是相隔千里之外还是与凯西同处一室，解读的过程都是一样的。他只需要脱下鞋子，松开领口和领带，在长椅或床上躺下，然后进行彻底的放松。他发现，按头南脚北的方向躺着更有利。除了一张躺椅和一个枕头，不需要其他的设备；而若不是为了舒适的缘故，连这两样东西也可省却。既可在夜间进行，也可以在光天化日之下，光明与黑暗对这一过程没有影响。他躺下几分钟后就可使自己进入催眠。然后莱恩或者凯西的妻子，或是在后来他的儿子休·林恩，又或者是其他任何可以托付的可靠之人，会给予适当的指令。通常的格式是这样的：

“现在出现在你面前的是【患者的姓名】，他在【州名，市镇名，街道地址】。你将仔细通查他的身体，给予彻底的体检，然后告诉我当前存在的问题，描述产生问题的原因，并提供解救此人的建议。你将回答我的提问。”

几分钟后，凯西就会开口说话，而莱恩——后来换为格拉迪丝·戴维斯太太——以速记法录下他的解读。后来这些手写记录经由打字机转录，并且在绝大多数情况下都会留给患者一份，或是给患者的父母、监护人或医师；

凯西自己也开始保留一份永久档案，记录的黄页副本将被存入其中。

新闻媒体对他的宣扬，加上不断扩散的口口相传的名声，很快吸引了热衷发财者的注意。一名棉花商出价一百美元一天，请他连续两周解读棉花市场行情。当时的凯西非常缺钱，但还是予以拒绝。还有一些人来咨询到哪里去挖宝，或是如何赌赛马。有时候凯西为游说所动，有几次他成功预测了赛马的输赢，还有几次失败了；但是每一次当他从催眠中醒来的时候，都感到筋疲力尽，并且对自己不满。有一次他接受了去得克萨斯州探险的诱惑，试图探寻油井，结果却不尽人意。最终，他确定自己的天赋只在救治病人的时候才可靠；它只应该被用于这个目的，而永远不该仅仅是为了给任何人——包括他自己——赚钱而使用。

他对公众宣传和借机出名一样地无动于衷。1922 年，《丹佛邮报》的编辑听说了凯西的事迹，将他召到丹佛市。在目睹了凯西令人信服的工作演示之后，编辑提议每天付给凯西一千美元，但需按照以下方式全权安排他的“光辉”出场：凯西假借东方人的姓名，不直接面向观众，而是躲在半透明的帘幕后给出解读。他直截了当地予以拒绝。

不伦瑞克广播电视公司的董事长戴维·卡恩是凯西的终身好友，在其广泛的朋友圈子、生意伙伴的私交中为宣扬凯西的事业出了不少力；但当他提议更加大张旗鼓地为凯西宣传时，遭到了后者的执意反对。除了在阿拉巴马州伯明翰市的一家报纸上登过一次演讲通告之外，在凯西全部的职业生涯中从未允许别人为他作任何广告，无论是关于他的解读还是公共演讲。他所在城市的大部分人除了知道他在当地主日学校里教导一门课程外，其他方面所知甚少。他不是任何社团、兄弟会或民间组织的成员。他忠贞不移地恪守这一信念：他只是一种助人的工具，受苦之人能够通过他得到治愈和帮助；他个人永远不该引起瞩目；那些他能帮助的人将从亲友的推荐中知晓他，而不是通过报纸头条的吹嘘。

在早期的年月里，凯西继续着他的摄影工作，谨而慎之地拒绝收取报酬。直到后来，当向他求助的压力越来越大、使他无法从事摄影工作时，才觉得为了养家而收取回报是正当的。即便如此，他仍然为那些无力支付的患者提供了许多免费的解读。他的态度贯穿始终，一直保持着本质上的非商业化。在弗吉尼亚海滨市的档案中保存的凯西信件副本（他按照解读的建议，于 1927 年移居到该市）是对这一事实的强有力的证据。尽管文法不通、标点无序、错字频出，它们依然体现出凯西热切助人和教化同胞的激情。

那段时间凯西一直困扰于对自己所作所为的怀疑。有时候，当被要求解读时，催眠中的凯西仅以沉默相对，显然他自身的健康和心境影响着他。虽说他大体上是个性情温和的人，但也难免有发脾气的时候；对经济状况的担忧也时常困扰着他。这类情绪明显抑制了他的才能。在大多数此类情况下，结论会在稍后的时候得出，那时他的身体或感情状态已有好转，并再次接到了指令。

但最让他烦恼的是，有时人们会愤怒地报告说解读并未正确描述他们的病情，或是在尝试了治疗建议后，没有得到好转。谦恭而怀着歉意的凯西会寄出长长的回信，解释说自己并没有假装全知全能；许多他没有完全理解的病情影响了他；有时候，如同无线电接收器般，他没有接收到清晰的信号。他会在最后总结："我们唯一目的是帮助你。如果你没有得到好转，我想请你收回所付款项。"并附上一张支票，上面是全额退款。

有时这类患者会在好几个月后再次联系他，说他们后来接受的医疗诊断确认了凯西最初说过的话，而他们当初没有相信。还有，他会发现那些抱怨治疗建议无效的人粗心大意地漏掉了疗方中基本的食谱、药物治疗、身体调整或是精神自律建议。

无论如何，他并不是无懈可击的。但随着时间的流逝，凯西不断地对如何运用自己的才能增加了解，解读的清晰度和准确性都得到了提高。此外，那些偶尔的失败和明显的失误，也由多年间几乎可说是辉煌夺目的疗愈成就弥补：一位加拿大的天主教神父被治好了癫痫症；俄亥俄州代顿市的年轻高中毕业生摆脱了严重的关节炎困扰；折磨了纽约牙医两年之久的偏头痛在两周内痊愈；肯塔基州年轻的女音乐家得了一种名为硬皮病的怪症，被一家著名的田纳西诊所视为不治之症而放弃，但在凯西的帮助下于一年后痊愈；从降生起就患有婴儿青光眼（此病通常被认为无药可救）的费城男孩，在由一位医生按照凯西给出的建议治疗之后获得了正常的视力。就是此类事件的不断积累，最终说服了过于谦恭、总在怀疑、谨慎过度的凯西：除了一些较小的困难，他的能力是可信的；这份才能事实上是上帝的礼物，而非恶魔的工具。

在凯西的解读生涯中有过几次，他面对着和自己一样充满质疑的调查者。来自哈佛大学的心理学家雨果·芒斯特伯格就是其中之一。芒斯特伯格来找凯西的时候以为自己会见到一间密室，在那里，光线暗淡的房间中摆放着江湖骗子施行巫术的惯用器具。当他发现凯西不需要任何那类玩艺时非常吃惊——后者仅仅是在明亮的日光下躺上长椅，接受一个简单的催眠指令后，就能连贯清晰地在沉睡中发言。

芒斯特伯格在凯西做出解读时密切地观察了他，访问了被凯西治愈的患者，详细检查了之前的解读记录。他离开的时候就像那些在他之前和之后到来的、想要揭穿想象中的精明骗局的人们一样，确信了凯西不是一个江湖骗子——无论他到底是什么样的奇人。那些证据确凿的病例，以及凯西本人那朴素谦和的正直态度，都令芒斯特伯格信服。

另一方面，也有些具有远见和善心的人们，在凯西生命中的不同阶段出现，认可了他的所作所为在人道主义和科学方面的重要性，并在他不凡生涯的起伏变迁中给予了精神上和物质上的支持。其中几人构想了一座医院，一队富有同情心的医护人员将遵照那些多少有些不同寻常的处方实施救助。一位亲身从解读中受益的富人莫顿·布卢门撒尔使这个梦想成为现实。1929年，凯西医院在弗吉尼亚州的弗吉尼亚海滨市成立。这间医院存在了两年时间，后来不得不在发起人因股市暴跌而遭受财产损失后关闭。

1942 年凯西传记——由托马斯·萨格鲁撰写的《一条大河（*There is a River*）》的出版，和随后在《王冠》（*Coronet*）杂志 1943 年 9 月号上面世的一篇题为《弗吉尼亚海滨市的奇人》的文章，使得凯西得到了全国性的宣传。此后他就被来自全国各地的洪水般的邮件淹没。

其中一些病例以其紧急的惨状催人心碎。凯西无法忍受将任何人拒之门外，接诊的预约被排到了一年半以后。他每天解读高达八次——其中上午四次，下午四次。在沉睡中工作也许听起来是种轻松的生活，但这给他的神经能量造成了极大的损耗。永无休止的工作带来的紧张使他精疲力竭。他于 1945 年 1 月 3 日去世，享年 67 岁。

埃德加·凯西的生命历程就此结束，但他的卓越不会随着死亡一起消失。如果可以说，一个人的不朽来自于他给同胞生命带来的美好转变，那么凯西绝对可以获得永垂不朽的资格。但还有比这更重要的：凯西的生平作为不断壮大的证据之一，对验证人类具有的能力做出了重大的贡献。他的才能通过了严格的实际应用的考验。他不仅看到了别人看不到的，而且他看到的东西在其后是可被证实的；不仅是可证实的，而且是可利用的；不仅是可利用的，而且确实发挥了功效。

第三章　揭开生命之谜

在二十年的人道主义善行中，埃德加·凯西的能力在成千上万的实例中显示出它们的可信性。我们在探讨他神奇职业生涯的下一步发展时须谨记这些事实。

起初，凯西超常感知才能的威力被导向内部——人体中的隐秘之处。直到多年后，才有人想到将其导向外部的可能性——应用于宇宙本身、人类与宇宙的关系，以及人类命运的课题。

一位俄亥俄州代顿市的富有印刷商阿瑟·拉默斯，从生意伙伴那里听到了凯西的事迹，对他产生了浓厚的兴趣，专程到阿拉巴马州的塞尔马市——当时凯西居住的地方——观看他工作。拉默斯本人没有健康困扰，但在观察解读工作数天之后，他信服了凯西能力的真实性。作为一个见识广博、思维活跃的人，他开始想到，一个能够察觉到常人视力无法感知的现实的人，应该也能揭示比病人的肝脏机能或错综复杂的消化道更有普遍意义的难题。例如，哪种哲学体系最接近真理？人类的存在是否有其意义，又是什么样的意义？永存不朽的生命理论是否有可信的一面？如果有，那么人死后会发生什么？凯西能帮我们解答这类问题吗？

凯西自己也不清楚。他从未想过这些涉及事物根本的抽象问题。他不假思索地接受了教堂教给他的关于基督教的一切；对他来说，去揣摩基督教与哲学、科学或其他宗教教义相比之下的正确性是件不可想象的事。他之所以持续进行如此背离正教的催眠活动，完全是出于想要帮助受苦之人的高尚愿望。拉默斯是第一个想到凯西的异秉除了治病救人之外还有其他可能用途的人，他激发了凯西的想象力。他的解读很少失于回答任何的提问；似乎没有理由说它们解答不了拉默斯的问题。

拉默斯由于生意事务的关系无法留在塞尔马市，他邀请凯西到代顿市做客一到两周。凯西觉得也许上帝有意为他开启新的为大众服务之路，同意前往。

凯西内心的烦乱是不难理解的。他在严格正统的基督教氛围中长大，除了自己的宗教外，没人教过他各大教派的教义。因此，他对自己的信仰和其他信仰之间那许多精深奥妙的相似之处几乎一无所知；除了自己的那盏基督教明灯之外，一直没有机会了解燃烧在其他灯盏中的道德与精神之光。他对印度教和佛教的主要教义尤其知之甚少。

他似乎能记起在某处读到过印度人拒绝宰杀牛只，原因是它们可能是自己转世的祖父；又仿佛看到过关于某处的人们不愿杀死甲虫的报道——或者是不吃豆类？——因为相信它们体内可能藏有祖先的英灵。

在印度和其他佛教国家，数百万受过教育的人理智地信仰此说，并以它的道德主旨指引自己的人生。

灵魂就如一个演员，在每个演出夜里换上不同的戏服，扮演不同的角色；或者好比一只手，暂时戴上肉体这只手套，当它破旧之后，就从中脱出，再换上另一只。西半球的许多才智之士已经接受了这一观念，而且留有相关著述。叔本华对之深信不疑，爱默生、沃尔特·惠特曼、歌德、乔尔丹诺·布鲁诺、普罗提诺、毕达哥拉斯、柏拉图等人也在此列。

凯西的反驳是，这些都好说，但置基督教于何处呢?

说到底，什么是耶稣教诲之根本？法利赛人中的一个律法师曾经问过耶稣这个问题，而他的回答是："你要尽心，尽性，尽意，爱主——你的神……要爱人如己。这两条诫命，是律法和先知一切道理的总纲。"

这朴素而意义深远的教义哪里与生命进化框架相悖呢？这条关于爱的诫命，又岂曾与世界任何大型教派的教义冲突？佛陀曾说："伤己之事，勿以伤人。"印度教经文上写道："所有职责归于一句：会令自己痛苦的事情，不要加到别人头上。"而印度教和佛教都不曾在爱的律法和精神进化律法之间发现矛盾。虽然两者都强调后者多于前者，但他们认为两者之间不存在任何冲突。

凯西仍未被说服。在他 10 岁的时候，收到了一本《圣经》，这本书令他深深着迷。从那时起，他就发愿在有生之年将这本书每年通读一遍，因此当他终于追上耽搁的那些年月之后，就又开始每年一次按部就班地从《创世纪》一直读到《启示录》。为什么《圣经》中——更重要的是，耶稣本人——从来不曾提起呢？

关于这点，拉默斯说，也许耶稣确曾提起。我们首先必须谨记，他传给门徒的教诲中有许多并未宣之于众。再说，就算他曾经向更大范围的人群宣讲，我们仍必须明了，耶稣本人教诲的原始记录在这么多世纪之间，经过后人对他原话的诠释和数种语言的转译，已经发生了许多的变迁。因此，许多真正来自耶稣本人的教诲可能已经失传。但是至少有一段经文似乎得以流传——耶稣告诉他的门徒，施洗者约翰就是以利亚。他明确指出："以利亚已经来了……门徒这才明白耶稣所说的，是指着施洗的约翰。"[1]

---

[1] 《圣经》马太福音 17：12–13。

《圣经》中还有这样意义重大的一节：耶稣的门徒就一个盲人的情状问他说："拉比，这人生来是瞎眼的，是谁犯了罪？是这人呢？是他父母呢？"《启示录》第 13 章，第 10 节："掳掠人的必被掳掠。用刀杀人的，必被刀杀。圣徒的忍耐和信心，就是在此。"

在奥利神父[1]的早年间，殉道士游斯丁[2]、圣杰罗姆[3]、亚历山大的克雷芒[4]、普罗提诺以及其他许多人。他们生活在与真实的耶稣如此接近的年代，是否可能以某种方式学到了他密传十二门徒的教诲——从最远古的时代通过密意传统延续下来，被早期神父们掌握并通过记叙使其流传不朽？

拉默斯说，还有一点值得注意：天主教的梅西耶枢机主教声明这一学说与天主教堂的基本教义并无冲突之处。圣保罗大教堂的英奇主教则说不存在矛盾。

的确，基督教教义中的某些理论可能看起来相悖。例如死人复活和末日审判，大多数正统基督徒会把它们看作是直接的反驳。但是，"复活"和"末日审判"这样的词语难道不该被象征性地理解，而非仅按字面意思照搬？当初被耶稣和《新约全书》的作者们运用寓言和诗化的比喻——例如"地狱之火"——来生动表达的对精神真理的领悟，是否可能被后世的信徒们僵化成了死抠字面的教条？

对凯西来说，这些回答发人深省，但他也因此而感到可怕的迷失。自从

[1] 奥利（Origen，185—254），被普遍认为是最伟大的神学家和早期东方教会的《圣经》学者。

[2] 殉道士游斯丁（Justin Martyr）公元二世纪的著名护教士之一。

[3] 圣杰罗姆（Saint Jerome，347—420）罗马基督教神父、神学家、历史学家。

[4] 亚历山大的克雷芒（Clemens Alexandrinus，约 150 一约 215），基督教希腊教父。

他有了这样的担心，这种迷惘就如影随形。其他的反对声音也很快在他脑海中响起——这次是从科学角度出发。例如，世界人口的猛增该如何解释？

凯西全家、格拉迪丝·戴维斯、拉默斯以及林登·索耶形成了一个讨论会，针对这些问题展开了热烈的探讨。当他们在争论中陷入僵局时，就去向解读求助；有时候解读的内容显得过于有悖常理、难以置信，他们就去公共图书馆查阅书籍。

他们没有费太大力气就找到了关于人口问题的解释。毕竟，其中一人说，我们怎么能确定人口总数绝对增长了呢？到目前为止，许多解读涉及了古埃及和亚特兰蒂斯的消失文明。柬埔寨、墨西哥、埃及以及东方国家的考古遗迹进一步证实了在今天的荒芜之地上曾经存在着伟大的文明。在历史中的任何一个时期，都可能曾有大量的人口增长或消退。肉眼看不到的世界也可能容纳了数以百万计的灵魂。

这个答案就算是在固执多疑的凯西看来也合情合理。但亚特兰蒂斯是另一个可疑之处。我们如何确定那个地方确曾存在？难道那不只是另一个神话？

柏拉图是西方世界第一个在非常偶然的情况下提及远古时代存在于大西洋底的亚特兰蒂斯的作者。尽管今天的普通大众不把此事当真，地质学家对它的研究兴趣却已持续一段时间了。他们之中分为两派，一派予以否认，另一派则极力断言亚特兰蒂斯的存在。无论如何，关于这一主题的许多学术著作提供了大量累积的能够彼此互证的历史、文化以及地质学证据。凯西查阅了伊格内修斯·唐纳利撰写的《亚特兰蒂斯：大洪灾之前的世界》后，发现列举了精确的主线证据，感到十分的震惊。

这些讨论、探查，以及对历史、科学、比较宗教学、古老的秘传教诲、亚特兰蒂斯以及催眠心理学等方面书籍的探索性涉猎，很快为凯西提供了前所未有的历史文化视角。渐渐地，他开始对自己在催眠中所说的话不那么疑惧了，并且更能接受它们包含某些事实的可能性。带着热切同时又充满批判的好奇，他开始仔细阅读解读内容，审查它们内在和外在的正确性。

他发现，首先，即使是相隔很长时间前后也从不存在矛盾之处。例如，在为某人做出一次解读之后，可能在数月或数年后再次解读。而第二次解读总是能与第一次完全相符，并在其基础上延续，就如同在读了一半的书里夹了丝带，第二次打开就可顺理成章地接着再读。

所有解读不仅彼此保持一致，而且与记录在案的历史事实也在各个方面相符，无论那些记录多么不为人知。例如，早期凯西曾解读出“浸凳者”，但凯西对“浸凳者”一词一无所知，在查阅百科全书后发现，它指的是一种早期的美国风俗：将疑为女巫的人捆在凳子上，然后把她们浸入冷水池中。

关于未受到凯西在显意识心理下的无知状态影响的历史准确性，另一个也许更为突出的例子，是一次提及了让 – 巴蒂斯特 · 波克兰，也就是莫里哀，解读中说他的母亲在他非常幼小之时去世。凯西对莫里哀这位伟大的法国剧作家闻所未闻，更不知道莫里哀是其笔名，而他的本姓是波克兰。对参考书目的查阅揭示出沉睡中的凯西对于莫里哀的真实姓名和对他幼年丧母的描述都是准确的。还有一个年轻男子的案例，说他从前曾生活在法国，并协助美国发明家罗伯特 · 富尔顿，参与了他的一些发明创造。凯西听说过罗伯特 · 富尔顿，但不太相信他曾旅居外国。在查询一本人物传略辞典之后，他才发现此事确然无疑。富尔顿曾在法国生活数年，并在那里结交了很多对他大有启发之人，促进了他的事业发展。

解读通常会提供被解读者曾使用的具体姓名；不仅如此，有好几次还指出了查找信息的途径——有时是在某本书中，有时是在登记簿里，或者是在墓志铭上。

凯西很快发现，解读中的心理分析都十分准确，不仅是对他自己、他的家庭成员，而且对于绝对陌生的人也是一样。对自己和家人所做解读的准确性也许可以解释为，在清醒状态下的凯西对二者都非常了解；人们可以争论说他在催眠下运用了自己这方面的知识。但是他很快发现，和在身体解读的案例中一样，是否认识被解读者与准确性无关。他们可以是完全陌生的人，生活在世界上的任何角落；但只要凯西掌握他们的全名、出生日期和地点，他就能精准地描述他们所处的境况和最私密的个性，列举出他们的才能和弱点，并且言之成理地将它们归因溯源至某些经历。

如果对远在天边的陌生人性格描述的准确性只发生过一次，我们或可将其视为巧合而置之不理。但考虑到人类的无数种才能和无数种境遇，猜中的巧合也是异乎寻常的。而当精确描述的事例成倍增加，就难以将它们看作一系列的巧合。

凯西通过数年时间发现，生命解读准确性的另一个方面，体现在为儿童预测性格与职业才能时。在一名诺福克儿童降生之日所做的生命解读中，描述她是一个固执、任性、倔强的个体，一个难以掌控的孩子。随着她的成长，这些特性开始明白无误地显现出来，并且我们可以较有把握地认为，并非在其父母的故意引导之下形成。

一个更使人惊叹的例子是，为一个出生三周后的男孩作的生命解读，说他可能成为一名杰出的医生。解读指出的所有性格缺陷都从他幼年时期就开始显现，同时也展示出了对医学的浓厚兴趣。8岁时，他开始解剖死去的动物，研究它们的身体构成；10岁以前就求知若渴，阅读医学百科全书；12岁时，他向父亲宣布了去约翰·霍普金斯大学读书并成为一名医生的决心。他的父亲是个纽约州商人，母亲是名演员，两人起初都对他进入医学领域的想法抱着不以为然的态度，并试图劝阻。但他的决心克服了一切障碍。现在，他已经在一所大型的东部大学中就读医学预科。这个例子与上文相仿，父母绝没有试图推动，但结果再一次显示，预感似乎确实真实可信，能根据他的发展状况预言所具备的潜能。

这类例子似乎显示出解读具有的高度预测价值。“预测”一词在此处不是指算命，而是与心理学家讨论心理测试“预测值”时的用法一致。例如，著名的罗夏墨迹测验[1]曾被用来测试刚开始训练课程的航空学员们。对测验结果的分析指出，在200人一组的学生中，有6人在性情上不适合飞行员生涯。所有的学员都被允许继续课程，但到了学年末，被指认为不合适的那6名学员都由于心理上的原因而辍学。因此，在很多类似实验的基础之上，罗夏墨迹测验被视作具有高度“预测”价值。

同样的，凯西的生命解读也具有类似的高预测价值，而且无论是在婴儿还是成人的案例中都体现了出来。一位纽约市的年轻女电报员对好几次应客户请求发去弗吉尼亚海滨市的奇特电报产生了好奇。她查问到凯西的身份，激起了更浓厚的兴趣，决定为自己作一次生命解读。在解读中，她被告知从事电报员这一行业是在虚度光阴，她应该去学习商业美术设计。她以前从未想过进入商业或是任何形式的艺术领域；但是在什么都不妨尝试一下的大胆

[1] 罗夏墨迹测验：由瑞士精神科医生、精神病学家罗夏创立，是一种利用墨渍图版的人格测验方式，在临床心理学中应用非常广泛。通过向被试者呈现标准化的由墨渍偶然形成的模样刺激图版，让他自由地看并说出由此所联想到的东西，然后将这些反应用符号进行分类记录，加以分析，进而对被试人格的各种特征进行诊断。

念头之下，她去修完了艺术学校的课程。让她吃惊的是，她发现自己具有真正的艺术天赋，并很快成为一名非常成功的商业美术师，在此过程中也顺带转化了性格。

随着年复一年的解读，凯西亲眼看到这些信息在人们生命中开花结果，造福众生，他因此渐渐相信了它们是真实有益的。那些可以证明的部分给了他对未知部分的信心。许多人在其指导下进入了适合自己的行业，一些人开始理解自己婚姻中的困境，还有不少人由于获得了自我认知，得以更好地调节社交和心理状况。

所有为身处远方的陌生人给出的那些可作为证据的信息，都完全在拉默斯和凯西的知晓范围之外。如果凯西的潜意识仅仅是在拉默斯的暗示之下做出添油加醋的精心描述，这些信息不太可能如此频繁地吻合那些他们事先不知道但事后可以证明的事实。

所有这些分析加在一起，逐渐使凯西信服了生命解读材料的可靠性，以及它们提出的解说。而最重要的是，他被渗透于解读各处的十足的基督教精神折服，因为它们不但带着博爱世人的情怀，而且自然而然地将基督教的教义结合在一起。其中，也许引用最多的是耶稣说的："人种的是什么，收的也是什么。""你们愿意人怎样待你们，你们也要怎样待人。"有时它们是直接的引用，有时则是对《圣经》段落的详加解说，例如："不要，不要自欺；不要迷误；神是轻慢不得的！人种的是什么，收的也是什么。人不断遭遇的是自己。因此，要行善，如主所云，即使对凌辱你们的人；如此你就在自我之中化解了曾经加诸他人的劣行。"

这类话语的对象是那些过去经历的苦恼的承受者，它们是如此的诚挚，而且总是恰如其分、意味深长，本身就令人信服。

当最初的兴奋减退一些之后，讨论小组开始就信息本身的特色提问。首先，他们对于某些历史时期在生命解读中的再现频率感到好奇。许多接受解读者有着类似的历史背景。一种常见的顺序是：亚特兰蒂斯—古埃及—古罗马—十字军东征[1]—北美早期殖民地时期。另一种顺序是：亚特兰蒂斯—古埃及—古罗马—法国路易十四、路易十五或者路易十六王朝—美国南北战争时期。当然也有例外，也出现过中国、印度、柬埔寨、秘鲁、北欧、非洲、中美洲、西西里、西班牙、日本以及其他地方，但大多数解读遵循着相同的历史路线。

根据凯西提供的解释，这种过程有序而富于节奏地轮换更替，类似于工厂里的轮班制。此外，由亲情、友情以及共同目的紧密联系起来的人们，很可能曾以类似的纽带联结在一起。

另一个问题是，这些信息从何而来？解读给出的答案是，进入催眠恍惚状态后的凯西，能够成功地从两种知识来源获取信息。

一是每个被解读者的潜意识。凯西在催眠中被要求描述他们的个人经历。解读说，人的潜意识保存了自己过往所有经历的记忆。这些记忆可以说是存在于一种“地窖活门”的下面，比现代精神治疗师通常探索的潜意识层面更为深入，但不论是否被察觉，它们始终存在于那里。此外，潜意识彼此之间比潜意识与显意识之间更容易沟通，这就好比在纽约城的两点之间，乘坐地铁通常比地面交通要方便快捷。在催眠中，凯西的潜意识可以立刻接通

[1] 十字军东征（1096—1291）是一系列在罗马天主教教皇的准许下，由西欧的封建领主和骑士对地中海东岸的国家发动的持续了近200年的宗教性战争。由于罗马天主教圣城耶路撒冷落入穆斯林手中，十字军东征大多数是针对伊斯兰教国家的，主要的目的是从穆斯林手中夺回耶路撒冷。东征期间，教会授予每一个战士十字架，将组成的军队称为十字军。

其他人的潜意识。

这一解答不是太令人难以接受，它与精神分析科学对潜意识的存在及其内容的探索成果至少部分相符。但是，对两个信息源中另外一个的描述却显得十分离奇。如往常一般，催眠中的凯西拼出了“阿卡西”一词的名词和形容词形式，尽管对清醒时候的他来说这是个崭新词汇。下面简要列出凯西对这一信息源的阐述：

“阿卡西”一词为梵语，指的是构成宇宙的基本以太[1]物质，它的组成具有精神—电的性质。在阿卡西中保留着从宇宙诞生之初起的每一声、光、行为和思想的永不磨灭的印记。正是这一记录的存在，赋予了人们超视能力，无论那有多么久远，或者对普通人类知识来说是多么难以企及。阿卡西就像一只刻录压痕的敏感光碟，它的功能近乎一架巨大的宇宙“监视录像机”。我们每个人都天生具有从这架振动记录仪中读取信息的能力，但要取决于个人体质的敏感度，以及是否能调谐到恰当的意识层面——这很像是将收音机调到适当的波长。在正常的清醒状态下，埃德加·凯西无法将自己的肉体意识充分调低，以达到调谐。但是在催眠中，他却可以做到。

在所有催眠下吐出的怪异言论中，这个信息对凯西来说不可思议到了极点。但是在充满怀疑的反复询问之下，解读总是给出同样的回答，有时候一字不差，有时候添加一些细节。解读多次指出，“阿卡西记录”也可被称为“宇宙的历史记忆”或是“生命之书”。它们也进一步扩充了印度教在许多世纪以前传授的关于阿卡西的知识。考虑到好几种其他印度教理念——包括

[1] 以太：源自古希腊语，指“上层空气”，洁净和神性的宇宙的基本组成元素。亚里士多德将它定义为构成宇宙的第五元素。它还曾被物理学界设想为一种充填宇宙空间的介质、电磁波和重力的传播基质。

“物质”空灵不实的属性；物质与能量之间的互相转化；以心灵感应的方式交流思想——它们最近才被西方科学界证实。那么何不至少抱着开放的态度对待阿卡西这一印度教概念呢?

最终，凯西开始连阿卡西的概念也一并接受——不是由于找到了绝对证据，而是因为它来自于解读，而解读在其他所有有据可查的方面都证明是真实可信的。

无论如何，凯西所做的生命解读以及它们可被验证的惊人准确性始终都是事实，不论这些信息的根本来源是什么。从 1923 年凯西第一次无意中发现它们，到 1945 年他去世的 22 年间，他共做出了约 2500 个生命解读。它们和身体解读档案一样被精心地保存和加以标注。信件和其他文件为许多解读的准确性提供了证据——至少是在目前能证实的范围内。

如果我们能和凯西一样，最终接受这些奇特文献的真实属性，以及它们提出的人类命运之说，就会发现自己掌握了非同寻常的巨量信息。首先，它们提供了大量翔实证据。即使我们不认为这些证据具有绝对的结论性，仍然有必要从科学思维的角度出发，至少开始关注它们所启示的探索领域。许多伟大的发现都出自对看似不可能的方向的探索。当爱因斯坦被问及如何发现相对论时，他的回答是：“通过挑战一个公理。”其次，我们现在掌握了大量具有心理学、医学和哲学性质的信息，通过对它们的分类分析，将会得到关于世界和人类命运的崭新图景。

在那 22 年里，无数满怀痛苦和困惑的人们在凯西催眠的深远洞察力下列队接受检视。各种各样的病痛占据了他们的肉体或心灵。他们如同《圣经》中的诗篇作者大卫王，在百思不得其解的苦闷中呼喊——他们要知道，“为什么这样的事发生在我身上？”

并不是所有的案例都由绝望和悲惨的故事组成。许多人的经历并不激动人心。但一如既往的是，无论他们的苦恼是轻微还是严重，解读都指出他们今日的状况起始的因果。在一个又一个的案例中，解读向人们展示了疾病或挫折源起的宇宙关联。这些信息给他们的生活带来了改造性的影响；对于现世境况的长远相关性的认知使他们得以达到更高层次的整体动态平衡。

如果我们能接受这些解读的可信性，就必须思考它们所带来的惊人启示。凯西的解读的重要性当然不在于向世界呈现了一种新理论——这理论本身是古老的，曾出现在世界上各个大洲、散聚各地的不同人群中间。凯西重要性在于两点：其一，这在西方世界是第一次，对许多个体提供了具体、确切的记录，它们具有一致性，并且从心理学角度是可信的。其二，已知世界历史上的第一次，这样的记录被以档案的形式保存，并向普通大众开放。

此外，凯西为东方哲学补充了人生理念而使之更加完善，并由此同时赋予了两者新的生命。在长期以来分别代表东方与西方思想的特色——内向与外向两种视角之间，达到了一种非常有必要的融合。

但最重要的是，凯西的解读将科学与宗教结合了起来。它们展示出精神世界与物质世界一样，按照同样精准的因果规律运行。人类的疾苦并不只是由巧合不幸造成，而是源于思想与行为的过失。所有的痛苦和缺陷都有其教育目的，残疾与不幸有其精神根源，所有人的苦恼都是需要修习的功课，最终将在永恒的学堂里走向智慧与完美。

第四章　几种身体病症

跛足、耳聋、畸形、目盲、不治之症——它们也许是人类所受苦难中最引人注目的类型。当我们看到他人患有这样的病痛，会感到最深切的同情。而当我们自身饱受这类折磨，体会到那种悲凉的挫败感，就会开始愤恨地质疑：为什么这件事发生在我身上？我们充满哀怨地问：为什么这件事发生在我身上？

约伯是《圣经》中最正直克忍的人之一。他失去了世间的一切财富，甚至包括所有子女，心中极苦，却没有只字怨言。但当最后的考验来临时，魔鬼使他身上生满令人作呕的疖子，约伯第一次咒骂上帝，充满绝望地大声质问受苦的原因。“请你们教导我，我便不作声，”他呼喊道，“使我明白在何事上有错！”

相信苦难一定是源自某种恶行的观念已经被现代人视为过时的宗教迷信而摒弃，今天很少有人会把痛苦与“罪恶”相提并论。但在凯西的视角中，罪恶与痛苦之间正是因与果的关系，即使罪恶的起源可能隐藏在视野之外。

这一观点是凯西的基础，要理解它，就必须了解“卡玛”的含义，因为它是唯一表达罪恶与痛苦之间因果关系的词汇。“卡玛”的概念源自梵语，字面意思是“行为”；但在哲学思想中，它被引申为作用力与反作用力，人类的一切行为都在它的约束范围内。醉心于印度婆罗门教哲学的爱默生将它归纳为补偿律。耶稣基督曾对它做了简明扼要的阐述：“人种的是什么，收的也是什么。”牛顿第三运动定律表明，每个作用力都有其反作用力，且大小相等，方向相反；这一规律作为道德定律也和物理定律一样适用。

在解读档案中有许多此类的例子。其中之一是一位生来全盲的大学教授，他从一个名为“心灵奇迹”的广播节目中听说了凯西，向他发出了身体解读的请求。在指导下，他经历了正骨调治、电疗法以及食谱的调整，使身体和视力状况获得了显著的提高。三个月之内，他的左眼已经取得了10%的视力，而眼科专家曾认为此眼复明无望。

这里不可避免地会引起一个疑问：一个人怎么能因为其所处社会的风俗强加给他的职务而负道德上的责任?

第二个值得探究的例子是一个以修饰指甲谋生的女孩，她在一岁时患上了小儿麻痹症，两脚发育停滞而小于常人，双腿残跛，以至于现在必须借助拐杖和支架行走。

第三个突出的例子是一位40岁的女性，她从幼年起就开始受某些症状的折磨，最近才确诊为过敏症。当她吃某种食物时——主要是面包和一切谷类——就会开始打喷嚏，仿佛得了花粉热似的。而当她接触某些材质时——主要有制鞋皮革和眼镜的塑料边框，左半边身体就会产生难以忍受的神经性剧痛。长期以来她咨询过无数的医生，但唯一曾带来疗效的是25岁时接受的催眠治疗，症状的缓解持续了六年，然后又逐渐复发。

她寻求解读的主要目的是获得治愈，但凯西指出了病症的根源。

典型的例子包括一名消化不良的35岁男子。他永远只能以特定的搭配方式食用某几种食物，但即使如此的谨小慎微，仍需耗费数个小时来消化一餐膳食。由于这种消化道过敏疾病，他常常感到生活的不便和社交上的尴尬。

解读指出，他的身体缺陷起源于暴饮暴食。他曾埋首于华宴美食。犯了贪得无度的心理罪过；这种不平衡需要某种补偿，因此他被迫通过身体缺陷学会自我节制。

凯西早期的生命解读中有一例是关于一个年轻男子，患有贫血症。他的父亲是名医生，给他尝试了一切已知的治疗方法，但却无一生效。如此顽抗治疗的机体故障极有可能是来自深层的根源。果不其然，这种终生承受的身体缺陷，是比在战场上流血死亡远为漫长的教育性徒刑。

如果我们不了解心身医学[1]的临床发现的话，这一模式将会显得十分不可思议。因为就在不久以前，人们还相信疾病仅仅由身体原因造成。但是最近，精神病学的进展证实，至少有一部分的生理症状是由精神或情绪上的失调引起，进而从这一发现分出了心身医学（“心身”一词的英文由来自希腊语的“灵魂”和“身体”两部分构成），它是医学领域中的一种已被完全公认的新的发展方向。

心身医学的临床实践表明，当情感压力不能通过语言或行为表达时，常常借助某种“器官语言”在身体上象征性地表示出来。该领域的标准教科书《心身医学》的著者韦斯和英格利希写道：“例如，一名患者不能自如地吞咽，而且找不到器官上的病因，可能意味着患者的生活中有些事让他‘难以下咽’。在没有器官病变情况下的反胃症状，有时意味着患者‘无法消受’某种环境因素……失去胃口而导致严重营养不良的患者，常常在情感上与身体上同样地忍饥挨饿……‘发言’的那个器官很可能是当环境条件恶化并造成

[1] 心身医学：主要指研究心身疾病——即“心理生理疾患”的病因、病理、临床表现、诊治和预防的学科。从心身相关的基本立场出发，考察人类健康和疾病问题，试图提出“综合—整体性医学学科”。其理论基础是“心身相关原理”。

心理痛苦（焦灼）时，正处于优势状态的器官。但易患病体质、对父亲或母亲的仿同行为以及其他因素也可能决定哪个部位充当‘器官代表’。”

在心身医学的“器官语言”和象征性的模式之间似乎存在着相通之处。这种模式就好比是，灵体在意识里对自己的恶行有着如此深重的负罪感，这种感觉被投射到或者实行于自己的身体，而“发言”器官的选择取决于某种适当的象征意义。

下面列举凯西解读中许多象征性个案中典型的几例。一位严重的哮喘病患被解读告知：“曾经扼杀他人的人，自己也必将感同身受。”一位耳聋患者被告诫说：“以后不要再在别人请求援助时充耳不闻。”一位进行性肌肉萎缩症病患学到的是：“这不仅仅是下肢的肌肉和神经萎缩，而且还是你过去在自己生活中在他人生活中筑造的苦果。”

也许在凯西档案中，有关象征性最突出的病例是一个 11 岁的男孩，他从 2 岁起就长期患尿床症。这一案例值得详加探讨，因为它的治愈方式相当不同寻常。

在婴儿时，他是一个安静的小孩；直到妹妹出生之前，他都没给父母造成任何难题，但从那之后他就开始夜间尿床，这成了每夜例常的行为。父母双方都知道第一个孩子可能在弟妹出生后产生不安全感，并常常通过重拾婴儿时期的习性，试图夺取注意力和优势地位。他们想尽一切办法，向男孩表示对他的爱并未被妹妹取代，但是尿床行为仍未停止。

终于，在孩子 3 岁时，父母决定向心理医生求助。他在一年多的时间里接受了精神科医疗护理；当父母发现病症仍未改善时，终止了尝试。在那之后的五年里，男孩继续每夜尿床。双亲向所知的每一位专家求助，尝试了所有的疗法，但都一无所获。到 8 岁时，这种孩童期症状仍在延续。他的父母再次决定求诊于心理医生。这次的治疗持续了两年，对他的全面性格发展起到了促进作用，但尿床症状仍未停止。到他10岁时，在两年的无效尝试之后，精神科治疗再次被放弃。

男孩11岁时，他们听说了埃德加·凯西，父亲决定为儿子的罕见症状寻求解读。解读提示了明确的治愈希望。它告诉孩子父母，在他晚上即将入睡的时候给予暗示指令，而且指令内容在于精神方面而非生理方面。

在获取解读后不久的一个夜晚，母亲在孩子床边坐下，等到他即将睡着的时刻，就开始以平缓的语调重复这些字句："你是美好和善良的。你将使许多人幸福。你将帮助自己遇到的每一个人……你是美好和善良的……"相同的内容以不同的方式对陷入熟睡的男孩诉说，并持续五到十分钟的时间。

那个晚上，在近九年之后的第一次，男孩没有尿床。在其后的几个月里，母亲继续给予相同思路的暗示，而症状一次也不曾复发。渐渐地，她发现可以每周进行一次暗示；最终，连这也可以省去。男孩彻底痊愈了。

这个案例有几点值得关注。在尝试疗法的第一晚就打破了持续九年的痼习，这一点本身就非同凡响，而假如那位母亲不是受过教育和公认正直之人，也许会让人觉得疗效被夸大了。然而她是一名律师，一位值得信赖的地方检察院成员，而非轻信、愚迷或欺诈之徒。

第二个非凡之处是，在实践中证明如此灵验的暗示，内容却完全没有提到尿床一事。它完全不是针对男孩的生理意识，而是导向可被称为"灵性意识"之处。

在他内心的某个层面仍然质疑自己的善心和社交能力，这是源于他对自己曾经施与他人酷刑的挥之不去的记忆。他的愧疚已经——或者可以通过——造福他人和施行善举来偿还，从而消除了继续进行象征性自我惩罚的必要。

男孩从那以后变得完全适应社会，他人缘好，受欢迎，是一个好学生，并且成了领袖人物。原先的内向性格得到了如此良好的改善，以至于在约翰逊·欧·康纳博士的人类工程实验室[1]的测试中，他被评为完美适应社会的外向型人格。母亲觉得他个性上的转变部分归功于精神科治疗，部分得益于凯西。

现在男孩已经16岁，根据父母的观察，他最显著的特点之一是对待他人非常宽容。对于别人的任何缺点，他都能找到其心理上的苦衷和给予谅解的理由。由此看来，他进行象征性自我惩罚而导致身体缺陷这种对自身过失的严厉不赦，转化为一种积极的宽容态度。个性平衡被如此彻底地重建。

当我们回顾这些个案时，发现可以总结出一些反作用力。反作用力执行起来通常既不刻板也不拘泥。

我们可以归纳出：生理状况仅仅是实现心理目的的途径。因此在身体层面发生的情况逆转或反作用力并不完全对等，而是近似的；而在心理层面，境况的倒转更接近于对等。

另一个普遍特点是关于反作用力的执行者。凯西案例中的苦恼从不是由本人的受害者造成。消化不良者的痛苦由他今生的肠胃造成，而不是当初被他滥用的那副肠胃。简而言之，反作用力是发出这个行为的主体本身。

当我们给某人写信时，地址内容包括：某约翰，614号，伯奇路，麦迪逊市，威斯康星州。这串地址中具体给出了四个逐步扩大的环境信息，它们

[1] 现更名为约翰逊·欧·康纳研究基金会。

都围绕着名叫某约翰的这个人。和某约翰一样，一个灵性自我在物质世界中取得肉体外壳后，将发现自己置身于数个同心圆环境中。这些环境不但围绕着该个体，也为他提供了活动圈子或领域。

我们以网球运动作一个简单类比，会使这一观念更易理解。假定两个人在打业余网球赛，打到 5 比 5 的关键比分时，却由于场地租约过期而中断比赛。竞争产生的兴奋促使他们到附近公园里的另一处场地，半个小时后继续比赛。行为发生的地点不同了，但比分情况没有受到影响；他们的友好比赛精神使他们从被打断时的平局处继续比赛。需要注意的是，这个比分作为他们的主要竞赛目的，是看不见的无形概念，但它却和打球的场地一样真实地存在。类似地，在灵魂与物质的竞赛中，得分也是无形而真实的；而身体就像是比赛的场地。

由此，凯西将人类身体病痛的课题引向许多条发人深省的思路。它们似乎在指示，我们普通人的五种感官只能感受到巨大而错综复杂的命运织毯的狭小一角；在我们肉眼可见的平滑表面之下，隐藏着数不尽的背面线迹，和看不清的无形纠缠。此外，这幅织毯向前向后都无限延伸。

第五章　嘲讽导致不幸

骄傲是基督教的七宗罪之一。如同其他神学信条，这桩罪过有其心智上的意义，但似乎与实际的身体病痛扯不上关系。但是根据凯西的见证，骄傲可以招致非常切实的身体痛苦——尤其是通过嘲讽或轻蔑的言行表现出的骄傲。冷酷的嘲笑和贬损的言辞似乎和肉体上的侵害等同，导致傲慢者在报应中亲身体验被其耻笑之人的身心剧痛。

凯西档案中有七例严重的身体残疾个案是由此引发。

其中三个案例与小儿麻痹症有关。第一个是位 45 岁的家庭主妇，身为三个孩子的母亲。她 36 岁时患上了这种儿童瘫痪症，从此再不能用双脚走路，而只能坐在轮椅上度日；到家以外的任何地方都完全依靠他人的帮助，原来她过去曾嘲笑竞技场上的伤肢断体之人！第二个例子——也许在所有凯西案例中再也找不出比这更悲惨的个案了——是个 34 岁的女人，小儿麻痹症，导致脊柱弯曲，走路一瘸一拐。她的农夫父亲对其残疾漠不关心，并且无情地私自挪用了她辛勤养鸡赚来的钱。命运又通过两次不幸的爱情愚弄了她。她的第一位爱人死于第一次世界大战。她与第二位订了婚，他却病入高危；到好转时，又娶了照顾他的护士。在所有这些肉体和精神的灾祸之外，再添上不睦的双亲、孤独的农场生活、从水泥台阶上摔下导致的卧床不起和额外的脊柱损伤，就是她无与伦比的不幸写照。

这一案例中，她过去经常坐在包厢里观看角斗士彼此之间以及他们与野兽之间的厮杀。她当时轻蔑地嘲笑那些为求生而战、体力不支的人。

第三个案例的主角是一位电影制片人，他 17 岁时患上小儿麻痹症，到现在还有些跛脚，但可以骑马，并能参与一些剧烈的体育活动。原来他曾嘲笑那些恐惧迫害的人，以及没有表现出反抗而投降的人，嘲笑那些坚持理想的人。

还有四个突出的案例展示了由嘲讽导致的困厄，虽然主角并未患小儿麻痹症。其中之一是位患髋关节结核而导致跛腿的女孩，曾以观看竞技场上的公开迫害取乐，尤其曾嘲笑过一个被狮爪撕开半边身体的女孩。

另一例是位 18 岁的女孩，如果不是体重超重的话，本应很漂亮。医生的诊断是脑下垂体功能过度活跃。凯西的身体解读与之一致，称之为腺体异常。因此我们可以料想，女孩的腺体异常和因此导致的超常体重是由过去造成；而她的生命解读证实了这一推测，过去她常嘲笑那些由于身体沉重而不如她敏捷的人们。

这组案例中的第三个案例是一位 21 岁的男性天主教徒。父母希望他成为一名神父，他自己却没有受到圣职的感召，未曾顺从他们的愿望。他生活的主要问题是强烈的同性恋欲念。原来过去他专爱散布闲言碎语，尤其乐于以漫画形式曝光同性恋丑闻。结语是："不要定人的罪，你就不被定罪。因为你怎样论断人，也必怎样被论断。[1] 而你论断他人之处，将转而伏于自身。"

第四个案例是一名 16 岁时出车祸导致脊髓断裂的男孩。医生们认为

[1] 以上两句分别出自《圣经》中的《路加福音》6：37 和《马太福音》7：2。

他性命难保，但他熬过了难关。他从第五脊椎骨以下全部瘫痪，生活从此被局限在轮椅之上。在发生车祸七年半后，他 23 岁时，母亲向凯西求得解读。

他曾在竞技场观看自己的对手与野兽厮拼，见惯了别人的痛苦挣扎而满不在乎。因此他得以在自身的苦难挣扎中内省，也必须学会同样地轻松接受，但是为了不同的目的。他曾经取笑别人的求生搏斗，现在必须亲身体验，以面对他自己行为的后果。

值得注意的是，在这七个例子中——包括三例小儿麻痹症患者，髋关节结核、体重过重、同性恋和撞击导致的脊髓性肌麻痹症各一例——其中没有一例是先天患病，都是后天爆发，其中还有一例是由车祸“导致”。但是在表面成因的面纱之下，似乎有着另一种更深层的原因。意外事故导致的奇诡命运——有人身亡而有人幸存，有人毫发无伤，有人惨遭毁形，在很多人看来只是出于巧合。而上面列举的这些例子似在显示某种无形的力量贯穿始终，即使在突发事故的混乱之中也一样有条不紊地运行。包括小儿麻痹症病毒的易感性也可以以类似的方式促发。

尽管这些惩罚初看起来似乎与一声轻笑这类微不足道的罪行并不相称，更深入的思考却能让我们体会到这种判决更为明显的用意。嘲笑他人疾苦的人是在评判那些他自己对个中要义不明所以的境况；他是在唾弃人人拥有的、通过即使是最惨淡荒唐的过程取得心灵成长的权力；他是在蔑视存在于每一个灵魂之中，无论其陷于多么低下可笑的境况都仍怀有的尊严、价值和神性。此外，他更是在断言自己高于那些被他耻笑的人。对他人的嘲笑是自我专断行为的最下流可耻的形式。

这些思考强烈地唤起我们对一部古老智慧之书中某些字句的回想。我们开始看清，不坐亵慢人的座位的果真是有福之人[1]，而当诗篇作者决心“用嚼环勒住我的口，免得我舌头犯罪”[2]时，他的真知确然无误。你们不要论断人，就不被论断！忽然像天启戒律一样凸显出来，刻在冒火的舌上；因为你们怎样论断人，也必怎样被论断。以及耶稣的其他教诲：“凡骂弟兄是魔利的，难免地狱的火！”[3]这些言语，在嘲讽别人而遭到残酷报应的事例对照下，忽然获得了心理学层面的新含义。

[1] 出自《圣经》诗篇 1：1。

[2] 《圣经》诗篇 39：1。

[3] 《圣经》马太福音 5：22。“魔利”是亚兰语，有侮辱意味，类似于“傻瓜”。

第六章　一段插议

对凯西解读的细致研究展现了巨幅的人类悲苦全景图，从种类上和范围上都是医学专家、精神病学家、心理学家和社会工作者累积的个案史加在一起都无法比拟的。这听起来也许像是夸大其词，但事实并非如此；档案中呈现的人类痛苦不仅涉及所有上述救治领域，而且还包含了已被遗忘的邪恶、过错、荒唐和苦闷。

在凯西档案中，负面的力更为显著，这是因为来寻求帮助的主要是生病和苦闷之人。一个健康的人不需要看医生，一个社会适应性良好的人也极少觉得有必要求问人生的终极意义。因此绝大多数的是服务于有着明确的甚至有时候是骇人听闻的个人问题者，而且这些问题未能被医疗、心理学或者宗教方面的专业人士解决。

对如此饱含苦难的解读的研究也许会成为极度压抑的事情，但事实并非如此，因为这些案例与通常的医学或精神病学个案史不同，它们对人类疾苦在道德上和精神上的意义都给予了明确的阐释。由于这个原因，翻阅解读的时候会产生与阅读但丁《神曲》中对地狱和炼狱的描述时同样的在时间上和空间上的宏伟感触。凯西通过从道德出发的、具普遍意义的和清晰明确的案例文献框架，提供了一系列对痛苦的评说，正是这一点使得对解读的研究不是难以忍受。不仅可以忍受，而且引人入胜、激励向上、启迪心智，还能给人以深刻的慰藉——尽管它们的起点常常是某种疾病或残缺。

但并非所有凯西档案中的个案都是关于挫折或失常。我们会在后面介绍职业引导案例的时候看到，人类的能力、天赋、才华以及任何超凡出众之处，都是在相关领域上充实度过的回报。

良好的环境和健康的身体也都是正面的，但解读不常指出它们的起源——也许是因为解读的信息源就如同一个好的新闻记者，意识到不幸比好消息更有报道价值。接受解读的人们有着人类的普遍倾向，觉得好运不需要解释；人们自然而然地认为那是他们生来该有的权利。只有当遭受不幸时，才会开始质问它们为何发生。

美丽的外表也是正面的。解读中曾偶尔指出，大致来说今生的美好身体来自于对灵魂殿堂的精心保养。在一例有趣的个案中，主角是个光彩照人的纽约模特，她那优美异常的双手引来了无数指甲油、护手霜以及首饰厂商的青睐，请她在广告中展示手部商品。她美貌天分的业因是曾作为隐世修女，用双手做着琐碎卑下的工作；但她始终带着无私和服务世人的奉献精神，这种精神转化成为美丽出众的外表和双手。

对于那些渴望变美的人来说，这的确是一个振奋人心的范例。它也应当提醒我们，并不是所有的行为都以刻板拘泥的方式回报。行为所具有的惩戒的一面也许比其奖励性的一面更令人印象深刻，它不仅更震撼人心，而且对于我们这个普遍迷乱、道德崩溃的社会面貌也更为必要。聪慧的人类也必须在人生中拥有明智的道德基础；而教会的正统教条已不再被众多经过缜密训练的科学头脑所接受。传统的约束和信条已被粉碎，但还没有出现新的、能按科学方法接纳的概念接替它们的位置。

近二十个世纪以来，西方世界的道德意识被基督教神学所钝化，因为它所教导的是由上帝之子耶稣代替人类受罚赎罪。但即使是怀疑论者，在许多神奇的事件和耶稣本人散发出的巨大影响面前，也可能接受他在某种意义上的确是上帝之子——他高尚而悲悯，到人世降生受苦是为了让人类获得自由。但是随着近代物理学的发展，人们开始越来越感到宇宙中所有的生命形式，小到微乎其微的动力驱使的原子，本质上都借助一个中央能源所提供的维系能量与宇宙中的其他生命彼此关联。这样的观点似乎该通向一个必然结论：所有生灵、所有的男人和女人都是造物主的孩子——就像是从一个巨大的中心太阳发射出的无数光芒。我们就能明白，也许耶稣与我们的不同之处，只是在于他比我们更接近那个中心光源。

此外，耶稣为了人类的自由而牺牲自己的生命，这在历史上并不是唯一的例子；对比较宗教学的研究显示出不同文化里存在着其他救世主，他们也经受了殉难和牺牲。在我们西方文化里，还有许多理想主义者为了全人类的利益甘愿奉献自己的人生。马志尼[1]、玻利瓦尔、林肯、圣方济各、杜桑·卢维杜尔[2]、塞麦尔维斯[3]、特蕾莎修女——我们可以引证上百以至更多的人名，无论男女，毕生为解放其他人类而奋斗。但人们不会觉得他们的付出可以使我们自己免除努力，或是他们的牺牲赦免了我们自身的罪责。

因此，要把“耶稣是上帝之子，他为拯救人类而死”这两个观点立为信条，并且宣称人类的获救必须依赖于对它们的笃信，是有史以来最大的心理

---

[1] 马志尼（Giuseppe Mazzini，1805—1872）意大利爱国者，以其政治性文章和秘密策划推行独立、统一的意大利的运动，大部分是在伦敦流亡期间实施的。

[2] 杜桑·卢维杜尔（Toussaint L’Ouverture，1742—1802）南美洲独立运动早期领袖，南美洲独立运动伟大的革命家，海地共和国缔造者之一。

[3] 塞麦尔维斯（Ignaz Semmelweis，1818—865）匈牙利产科医师，现代产科消毒法倡导者之一。

罪行；它不是由基督教本身造成，而是出自某些曲解教义的神学家之手。说它是一种心理罪行，是因为它把赎罪的责任推到了自己之外的事物上；它使自身的救赎依赖于对另一个人的神性的信仰，而不是通过相信每个人自己与生俱来的神性而寻求自我革新。它有违公正性和心理上的可信性，因为它在宣称信仰一种替代性救赎的必要，而对不信者的惩戒是永罚。对于经过严格的物质和精神方面科学训练的20世纪的头脑来说，会发现难以将这样的学说当真。

尽管受到这种僵化神学理论的阻碍，教会仍然无疑是为世界造福的一种伟大力量。此外，今天那些更为开明的基督教派已不再狭隘、刻板地教导这些信条，而信教的宣言也不再被普遍视为上天堂的条件。但这种态度的遗迹仍然显著存留，即使在它不再以最初顽固不化的神学形式流行的地区；基督教的世界仍旧渗透着这样一种信念，将责任与行为脱开关系，而在很大程度上将其寄予不假思索的笃信。

据我们研究，人类行为在自我救赎中的关键作用鲜明而突出。正因如此，这一古老智慧为许多基督教派陷入的贫乏懈怠提供了补益性的矫正。我们根据凯西档案的警戒一面做出的严肃阐述，对读者应该不会显得过于沉重；相反地，它应该带给我们希望和乐观，以及一种获得新生的信仰，它建立在对贯穿所有人类行为的宇宙公正性的信心基础之上。

对于那些个人的行为失去制约而肆无忌惮者来说，这类案例应该会产生一种威慑作用。对他人的残酷可能导致自己目盲、贫血、哮喘或瘫痪，放纵淫欲可引发癫痫，自私地妨害他人可能导致自身肢体的残废——这些实例体现出律法的灵敏、科学、公正、恰当地执行，至少具有使人端正行为的震慑效果。

此外，目前我们展示的案例应该可以为地球上受苦受难的数百万人类的惨痛遭遇提供解释。我们并不经常遇见跛足、蹒跚、目盲的人，或是精神错乱、癫痫患者、卧床不起者和麻风病患，或是由于战争和事故致残的人。他们远离公众视野之外，蜷缩在悲哀的私居里或是与同类病患密集群居的公共机构里。我们只是偶尔在繁忙的街道上见到病残的人，从碰巧读到的杂志文章中间接地意识到他们在数量上的广大。

但是他们人数众多，境况悲惨。我们需要提醒自己他们的存在，以便认识到当个人被剥夺健康人群视为理所当然的正常状态之后，情状可以有多么的凄惨。基督教对这类灾祸通常的解释通过“上帝的旨意”一词暗示出来。但是难以想象博爱众生的天父会蓄意将如此可悲的不幸降临到无辜之人头上。因此上帝的旨意被认为是“高深莫测的”，但这一形容词不能掩盖其本质上的矛盾。

显示出宇宙之中可能确实存在“上帝的旨意”，而这“旨意”不是出于一时兴起的所为或是难以捉摸的目的。它更像一个约束心灵意向的律法，依据它，只有那些该受挫折的人才会遭受磨难：人生命中所背负的十字架正是由积累而得，不会更轻也不会更重。

对于生活在西方文化中的人来说，它似乎不可思议——远在观察到的和可观察的经验范围之外。但是生命中存在着多少其他不可思议的事物，我们对之却熟视无睹！卵孵出蝌蚪，先变成鱼，后变成蛙。毛虫为自己织出丝绸般的裹衣，不久钻出精美的蝴蝶。它们都是非常神奇的例子，展示出同一个生命通过某种方式，可以相继地栖居于不同的物质形态而不失去自我——而我们却视为天经地义。仔细想来，也许它们不比人类的灵魂接连占据不同的肉体而不失去自我本质这种情况更加背离自然。

生命诞生的过程本身就是个奇迹，如果不是显微镜的展示，我们多半会觉得难以置信。两个微小的细胞结合在一起，然后遵循数学的定律衍生出更多的细胞，在对祖先进化各阶段的再现之后，最终形成了一个人类生命，拥有眼睛、嘴唇、手脚以及坐镇指挥的大脑，其过程正如惠特曼[1]生动的形容："惊愕亿万不信上帝之人"——只要他们有机会细想一下。因此，一系列相承相继的生命，实在不应该比一次生命的诞生更加荒谬奇诡，正如伏尔泰所说："毕竟，出生两次并不比出生一次令人惊奇。"

凯西在心理学和道德上言之成理，可起到为我们明理释疑的作用。也许这些来源神秘、奇人传播的文档，可被视为将我们从现有认知维度提升到更高层次的媒介。也许尽管它们如此奇异，却可以教导我们这些困于海底的游鱼，有一种叫作空气的东西；宇宙中存在着比我们埋首其中的狭小世界更为广阔的生命架构，比我们想象得到的更加深远的存在意义。

[1] 沃尔特·惠特曼（Walt Whitman，1819—1892），美国著名诗人、人文主义者。下文引用的"惊愕亿万不信上帝之人"出自他的诗歌《奇迹》。

第七章　暂缓执行

为什么不使反作用力立刻生效，就像从墙上反弹回来的皮球那样即时干脆?

对这个问题似乎可以有多种解答。其中之一是，个体必须等待合适时间与地点。中间的那些时间则用来解决个体的其他性格问题。在由于这类原因而暂缓执行的行为中，一些典型的案例来自亚特兰蒂斯大陆。

这块位于大西洋底的巨大、古老陆地的存在从未被科学界完全证实或否决，但历史、地质和文化方面的证据为其提供了有力的支持。主要的间接历史证据来自柏拉图，他在《克里底亚篇》和《蒂迈欧篇》两本对话录中曾非常严肃地提及亚特兰蒂斯。地质学上一个常被引用的证据来自一次海底发现，当时一条横跨大西洋的电缆断裂并沉入一万英尺的海底；人们将电缆拉上岸，发现它带着火山岩碎片，并且显微镜观察显示它们曾在海面以上的陆地区域硬化成岩。文化证据方面也许最惊人的莫过于两点：其一，对大洪水描述的全球一致性（它不仅被写入《圣经》，而且也几乎出现在世界所有远古民族的传奇和宗教中）；其二，古埃及与中美洲之间的语言和建筑形式的相似之处，在两块大陆之间没有任何已知交通方式的时期已经存在。综上所述，所有证据加在一起相当具有说服力，但还远不够盖棺定论。

而如果我们相信凯西解读的内容，则亚特兰蒂斯确确实实曾经存在。根据解读中的信息，大金字塔中某些尚未开启的密室也许会在未来某天揭示出亚特兰蒂斯历史和文明的全部记录。凯西说，那些记录在第三次也就是最后一次大洪灾时期（约为公元前 9500 年），由这块在劫难逃的大陆上的一些居民避难埃及时带到那里。他还指出，佛罗里达州迈阿密市附近的比米尼岛是亚特兰蒂斯的山峰；在那里的海底可以找到一座亚特兰蒂斯神庙的精美典范，它的圆形穹顶能够通过特别设计的晶石捕捉太阳能。根据解读提供的信息，亚特兰蒂斯人达到了远远超越我们今天水平的科技高峰。电力、无线电、电视、航空旅行、潜水艇以及太阳能和原子能利用都极度发达；取暖、照明、交通设施也比现代人的设计远为高效。

所有这一切都非常引人遐思，无论我们是否将其当真；但假若我们相信它的存在，则应当予以重视的一点是：生命解读反复强调亚特兰蒂斯人滥用了他们掌握的巨大能量而变得邪恶。他们犯下的最大腐化之罪包括滥用电力和精神能力，尤其是通过某种形式的催眠术奴役他人，强制别人做苦力或满足自己的淫欲。

如果这些报道是真实的，那就可以理解，为什么这次上古时代发生的人格腐败不能在没有电力、超能力及心理知识的年代里彻底地赎罪。对于贪食之人克己能力的终极测试，是再次将他最爱的食物摆满身边，然后看其是否能够自持。如果一个人身处美女中而不能如圣安东尼[1]般顽强坚韧地抗拒诱惑，我们就不能断言他已经战胜了自己的淫欲。类似地，那些滥用了亚特兰蒂斯发达科技所提供的巨大能量的灵体，除非当再次面对相同的机会时，能够积极正向地使用这些能力，否则就不能说他们改变了以私心贪欲滥用权力的性格。

---

[1] 圣安东尼（前 356—前 251）埃及基督教圣徒，是经得起撒旦诱惑的象征性人物。

循环前进的历史进程恰使二十世纪成为这样的一个适当时期；因此我们发现，在凯西解读中有大量的亚特兰蒂斯人。今天的迅猛科技发展则可以从两个方面解释：一是那些大胆进取、善于创造的天才个体带来了对亚特兰蒂斯科技成就的记忆；二是当今的发达环境为这群个体提供了测试场地，看他们是否在中间等待的那些世纪里获取了足够的资格，能在新一轮诱惑中抵制私欲，拒绝文明外衣下的野蛮行径。

如此看来，等候恰当的文化新纪元时代的到来似乎是暂缓的主要因素。这似乎应该与某种循环往复的历史过程，以及按一定时间间隔交替出现在地球上的周期有关。大批种族和人群按照秩序和节拍返回，这似乎很合情理。但凯西解读中的许多段落也指出，大批人潮中的较小群体，甚至包括小群体中的某一个人，可能不仅是按照时间规律机械地决定。灵魂个体以及灵魂小群体并非像过自动旋转门般准时返回；就像宇宙造物的各处一样，此处也存在着意志的自由，个人或集体可以选择在某一时刻降生，如果他们希望如此的话。

这使情况进一步复杂化。如果这种拖后非常漫长，则他可能会选择在等待期间发展自身的其他方面。

当然，这些解释无法由科学方法确证，而只是根据分散但重复出现的内容总结得出。

上面所提及的原因仅代表暂缓的外在决定因素，似乎同时也存在着内在因素。与外部因素至少是同等重要的一个实际心理因素是，个体需要一定的力量；必须给他机会学得必要的奋斗能力，否则会过于猛烈，将导致个体的毁灭而非成长。

“因为在此之前没有能力偿还。”解读的上下文显示得很清楚，这种无力偿还主要跟内在能力而非外在局限有关；在此例和其他病患的案例中仔细分析，显示它们是获取某些正面能力的必要的过程。

下面举一个关于常识性例子类比说明。一个从银行贷款五千元的人，没有能力在第二天就还清，也不可能是下一周、下一月，甚至多半连下一年都不行。由于这个原因，银行允许这个借债人花时间筹集充足的款项；很明显他现在无力还钱，因此要求他下周就偿清债务是没有任何意义的。类似地，在精神领域欠下的债也可能被缓期收缴。

如果在西方至少能和现在的东方一样，得到广大群众的大致了解，那么悬迟的概念可能会成为很多人的内心隐忧。过往的恶行也许偿还，这确然不是什么令人鼓舞的兆头；在敏感之人的想象力中，未知相当于一柄达摩克利斯之剑[1]悬在头顶，或是如蠢蠢欲动的饿兽潜伏于前路转弯之处。悬而未决完全可以取代基督教时期的恶魔和地狱之火，成为早期谏人向善的震慑之物。

为了消除这种恐惧心理，新思想运动[2]派系的代表们，也许竟会采取完全否认悬迟的做法，就如同基督教科学派[3]信徒对罪孽、疾病、死亡、过失和物质的否认。这种否认无疑具有很大的诱导力，并且，与基督教科学派和新思想运动的总体情况类似，甚而可以取得精神力量方面的有益成果。但是，口头上对物质、罪恶、过去的“否认”并不能在事实上消灭它们，我们的人

[1] 达摩克利斯之剑：源自古希腊传说。迪奥尼修斯国王请他的大臣达摩克利斯赴宴，命其坐在用一根马鬃悬挂的一把寒光闪闪的利剑下，由此而来的成语比喻一种危机意识状态。

[2] 新思想运动：20世纪美国历史上的一次心理学思潮，主张代表无限智慧的上帝无处不在，精神是实质的全部，以及人类真实自我的神圣性。认为疾病来自心灵，正确思维具有疗愈功能。

[3] 基督教科学派：是基督教新教的一个边缘教派。认为物质是虚幻的，疾病只能靠调整精神来治疗，并称此为基督教的科学。

生任务并不是像鸵鸟般满足而自欺地躲避物质现实；我们的任务是驾驭它，管理它，甚至从更高的精神层面创造它。事实上，物质只不过是能量的凝结，而能量即可被称为灵性；或者说，物质不过是处在低振动状态的灵性。

罪恶和行为也是一样。“否认”行为——无论是当前生效的还是处于悬迟状态的，就等同于否认需要偿还的债务和有待学习的课程，其本质上是一种不诚实的态度。一个对自己的责任抱着闪烁和诡诈态度的人，无论这些职责具有物质还是精神的属性，都无法令人尊重。仅仅因为欺诈的行为中含有“否认”这种心理技巧的成分，不能改变其本质上参与了规避责任的事实。

但这并不是说，任何形式的心理暗示都该禁用。相反地，它们对化解偏激固执、愧疚心理和僵持态度都大有助益。在尿床症男孩的案例中，解读给出的治疗性暗示指向他潜意识中的罪恶感。他的自责自卑导致了身体上象征性的自我惩罚。通过消融这种罪恶感，让男孩从中解脱，使他得以自由地向同类张开帮助的双臂，从而身体和性格状况都得到了好转。

在有关过敏症的个案中，解读也推荐进行深度暗示和催眠。但在任何一例中，所建议的治疗方式都不是通过否认。相反地，它们由“对美德的肯定”和“自觉的精神调整”组成。如果心理治疗师希望“疗愈”症状或是由迫近的业引起的精神压抑，那么治疗方式想必应该包括对过去业的真诚认可，恳切地表达出偿还的意愿，并最终确认是哪种品质的缺乏导致了源起。

我们必须面对这一事实：人类在心智上是不成熟的，因此人类成员必须预计到将来生活中的难堪。但这一事实不应该成为恐惧或焦虑的根源，原因有以下两点：首先，“一天的难处一天当就够了”[1] 这一格言不仅意味着带

[1] 《圣经・马太福音》6：34。

着无忧无惧的宁静心态度过每一天，也适用于生命的态度：怀抱一种平静的信念——无论个人承受什么样的艰难险阻，它的程度都是公正精确的，是根据每个人的能力调节分派的。我们永远不会超出承受能力。其次，未来的变幻莫测永远伴随我们；如果将来降临在我们头上的灾难并非来源于偶然的不幸，那么我们的恐惧该得到缓解而非加强，只需这样一个简单的原因：行为代表对一种律法的执行，它极有条理，永远保持公正。

人类畏惧将来的苦难，这点不难理解；但是如果到来的困苦是出于公正的原则，是为了我们自己的教育成长和觉悟的升华，这种恐惧就是无谓的。一个诚实的人如果欠下了债务，会是急于偿清的；他会认真谨慎地管理自己每天的财务事项，以便等月初账单到期时有能力还清。他不会把整个月的时间用在担惊受怕，等待那张注定到来的账单；他只会把自己的力气花在为承担责任做好准备上。

在我们受到局限的意识状态里，不清楚在自己无知莽撞的过往里到底欠下了什么样的道德债务，但我们应该带着所有诚实的人都具有的正直尊严和坦然承担的态度，勇往直前，面对债务，真心实意地负起责任。

但是也许“债务”一词是种误导，“亏空”或“不足”才更合适。这就好比营养不足症必须通过补充身体缺乏的维生素和矿物质来战胜；直到亏空被补足之前，身体的病症都不会痊愈。同样地，它仅由精神品质的缺乏触发，仅仅起源于个人对自己灵性本体的认知不足。因此，对困苦局面，其正确的转化方法在于提高个体所缺乏的精神品质——因为正是由于这种缺乏才导致了困苦局面的源起；以及通过唤醒对灵性本体的认知。

无论债务、亏空还是某种心灵上的不足，对它的偿还弥补都需要通过心甘情愿而非对抗态度。“否认”它的存在属于对抗而非顺应；因为这样的“否认”体现的是安于性格现状的私欲，而不是对长远智慧的追求。

凯西解读多次给出忠告。下面这段建议尤其直白明确：

> “如果在其尘世经历中犯了自我放纵、自我膨胀或狂妄自大的罪过，他就是在作茧自缚。要补偿任何过错、迎战任何考验、抗拒任何诱惑，无论它们是精神上的还是物质上的，解决的态度永远应该是：‘上帝啊，不要成就我的意思，而只要通过我，在我之中成就你的意思。’”[1]

其中“上帝的意思”可以从两个方面理解：它可以是通过宇宙客观规律表达出来的造物主的“意愿”；或者是意愿，在古老的深奥哲学中，它就是我们祈祷祝求的天父。无论对这一短语作何解释，顺应和信任应该是我们的态度。

在井井有条、公平正义和慈悲仁善的世界中，我们无须惶恐。

[1] 《圣经·路加福音》22：42：“然而不要成就我的意思，只要成就你的意思。”

第八章　健康问题

不幸的是，很多人把消极、懒散联系在一起。这很大程度上是因为在印度，人们常常显得被动、懈怠和仰赖宿命。

诚然，印度的社会状况令人可悲；印度教徒被动接受果报的态度也的确该为此负部分责任。但是，印度教先贤的教诲经过累世积攒的迷信流传下来，在此过程中教义本质经历了剧烈的变化；等到它们被教育水平低下的大众吸收的时候，在心理上产生的效果并不能被视为受惠的范例。此外，印度气候造成的疲热无力也是形成其人民心理状态的重要因素，无论他们持有什么样的信仰，都会影响他们的精神面貌和性格。

事实上，对因果报应的信仰与漠然懈怠的心理态度之间并无必然联系——就如同基督教也并非道貌岸然的始作俑者。基督教的徒众之中产生了许多伪君子，古往今来都不乏其人，但这种伪善并不能归咎于耶稣基督的教诲。

如果一个人开始接受，他的内心态度就必须是服从和信任的，对待宇宙间任何其他规律也都应该是这样的态度。但他会禁不住疑惑，自己该顺应到什么程度，对加于自身的束缚需要忍受到什么地步。

对此，凯西再次显示出特别价值，一如既往地给予了详细而切实的回答。这一次的问题是：对于在身体惩罚中受苦的人们，有没有任何的疗方？对他们的治愈可以允诺什么样的希望？

凯西档案中贯穿始终的解读态度是："下面是你可采取的应对措施。"

解读资料中最使人赞叹的一点是，描述后面总是跟着治疗建议。

一个值得关注的案例是一位34岁身患重疾的电工，最终被医生们确诊为治愈无望的多发性硬化症。在三年的时间里他无法工作，视力降低到不能读写，尝试走路时常常摔倒。他接连被数家医院作为义诊病人收治；妻子到百货公司担任店员，以维持自己和五岁儿子的生计。

"是的，我们可以看到这具身体，"这是所有身体解读的简洁而不凡的开头。"我们发现病症非常严重，但是不要失去希望。因为只要你愿意采纳，帮助就在眼前。"

接下来的三页解读充满了超卓的美好与力量。首先是通过医学专业术语做出对症状的病理描述，接着是关于体内的复原能量的评述、对病情的说明以及改变心灵状态的劝诫，包括消除意识中的所有憎恨和恶意。最后解读以精心准备的治疗处方作结。

大约一年以后，这位电工再次来信求助，并报告说自己虔诚地履行了处方建议，立刻发现了好转。进展稳定地持续了四个月，但之后就出现了症状的复发和疗效的下降。显然，他采取了物质方面的建议，而忽略了精神方面的处方，因为这次要求他坚定彻底地履行任务：

"是的，我们可以看到这具身体，我们以前曾为其做出解读。

"我们发现，在他身体上有着生理方面的好转，但还有很多、很多需要做的。

“就像之前已经指出的，必须采取措施改变他对事物、环境和他人的态度。

“为身体好转采取的器械治疗，取得的变化已经很显著。

“但如此骄傲自满、自我中心，以至于否定精神上的提升，拒不改变自己的态度；只要他还抱有怨恨、恶意、不义和嫉妒；心中还存着有悖耐心、坚忍、友爱、仁善和温柔的意念，肉体就不可能痊愈。

“为什么要求得治愈？为了满足自己的身体欲望？为了便于更加自私自利？如果是这样，那么不如保持现状。

“如果他在思想和动机上发生转变，并将之付诸言语和行动，同时采取所建议的物质治疗手段，我们将会看到好转。

“但是首先必须转变的是心灵、思想、动机、目的……所有你能求得的医疗器具都不能实现彻底的治愈，除非你的意图和灵魂经过洗礼……你是接受，还是拒绝，取决于你自己。

“建议到此为止——除非你改过自新。

“解读到此为止。”

我们看到在这段解读中，治愈的机会是有条件的，要求该个体改变思想内涵和人生的精神追求。你为什么要求得治愈？信息源的这一发问直指人心。是为了满足你的身体欲望？为了便于更加自私自利？如果是这样，那你还不如保持现状。

这段坦率直言的解读内容，体现了一位伟大疗愈师纤尘不染的道德观念，他的见识远远超越了个体的暂时便利目的。在超过 2.5 万个身体解读中，凯西从未拒绝给予困苦中的求助者治疗建议，无论对方多么的腐化堕落或是罪行多么卑鄙无耻。但在许多次类似上面的例子中，尽管凯西无限同情，却不得不指出疾病具有道德修正的目的，而造成病因的品行缺陷必须被改正。病痛缠身的人应该做出一切努力、采用条件允许的所有方法寻求救治，但同时也要接受人生际遇给他的提醒，改正内在的灵魂缺陷。来自自然资源和现代科学的特效药品也许能带来暂时的缓解，但在精神牵引之路上它们最终必然失效。根本的疗愈必是源自精神、发于内心，否则将无法持久。

下面这一盲人个案是数百个体现这种一贯观点的案例之一。

“是的，在与他人的关系中更好地贯彻精神理想将为这一个体的生命体验带来极大的不同。

“虽然起初的时候不会有太大的视力上的变化，但随着对内在自我的调整，体质会得到提高。

“脊柱系统、口腔和牙龈中的病症与眼部疾患密切相关。

“因此，首先需要努力争取精神成果，并在日常生活中奉行友爱、仁善、耐心、坚忍、柔和。

“同时进行正骨调整，尤其是在第四、三、二、一胸椎，第三颈椎，以及第一、二、四颈椎处。调整需按以上顺序进行，然后是连接牙齿的神经中枢，尤其在耳朵下方与头部乳突部位连接处的区域需要受到特别重视……”

在上面的两个案例中，解读都强烈要求个体改变思想和性格，作为转化的必要条件。当我们记起其目的是道德教育，就会明白进行心灵疗愈的要求是多么自然和不可避免。当然，纠正的“罪恶”不是愚昧迷信意味上的冒犯上帝或神灵，也不是正统教派神学者口中的罪恶，甚至也不是维多利亚时代道德观或清教徒标准下的犯罪。这里说的罪恶具有精神上的意味，其定义具有普遍性，并且广泛受制于宇宙伦理。

这一意义上的罪恶主要是存在于自私和分别心中，并且这种妄自尊大可能由多种形式表现出来。它可以是用暴力违背他人意愿或侵犯他人身体，或是通过放纵和忽略对自己的身体施暴，也可以是精神上的傲慢和排外。引发这所有不同的罪恶的是一种根源性的错误，一种关键性的误解和至关重要的遗忘——人是灵魂，而非肉体；罪恶从他将自身与肉体等同的那一刻开始，从对自己的灵魂属性遗忘的时候产生。他必须与之斗争的是将自我等同于肉身的幻觉。而与这幻觉对抗的最有效方式不是采取消极的否认，而是通过对灵性的认同这一积极的过程。

取得这种自我与灵性的合一，就达到了凯西解读和其他高深哲学称之为基督意识的状态。在上面的案例中，以及几乎所有其他凯西档案个案中都曾提到，推荐给受苦之人的最主要疗方，是他应该取得至少是某种程度上的基督意识。

但基督意识并不是基督教的专有属性。我们必须记住，“基督”并不是耶稣这个人的名字[1]，这个词语的字面意思是“受膏者”，它的宗教意义——或者不如说是精神意义——是开悟的或是神圣的意识体。我们有理由相信，克利须那和佛陀同样地具备基督意识；而世界各地的人类，尽管迷迷糊糊，

[1] 基督是“基利斯督”的简称，源自希腊语，是亚伯拉罕诸教中的术语，原意是“受膏者”，也等同于希伯来语中的名词弥赛亚。耶稣被基督教《圣经》奉为基督，即“主耶稣基督”，但在犹太教中不被接受，对犹太教徒来说弥赛亚仍未降临。因此对于基督教以外的宗教来说“基督”并不是专属于耶稣的称呼。

尽管困惑惶恐，都在朝着取得这种意识的方向奋斗；无论他们的导引者是谁，也无论这种终极开悟被怎样冠名。

凯西的叙述恰巧是借用基督教传统用语表达，这多半是由于凯西本人是在基督教信仰下长大，他的显意识心理浸透着基督教的意向和观点，因此他在催眠下的超意识状态中说出的每句话都经过了这层认知细筛的过滤。可以想见，如果凯西出生于佛教国家，他可能会是通过自己身处其间的佛教文化来表达自己的智慧，而解读将主要使用佛学术语。但这种具有一定倾向的表达方式并不能局限他所说的话的适用范围。

例如，下面是解读给予一个患脊柱结核男子的启示：

“要记住，这一病症的目的是让你面对自己。解决它的最好途径是通过他，通过成全律法，建立至善之法。因此需要从他的怀抱中学习，他就是律法，就是真理，就是光明。”

这里提到的“至善之法”也不是基督教世界或“信仰耶稣基督的人”专有的境界，佛教徒、印度教徒、穆斯林和基督徒一样都可以企及至善境界。“律法，真理，光明”是基督徒用来形容耶稣的，但律法和真理在其他伟大宗教圣贤身上和教义之中也同样得以体现，而光明作为真理、造物主及其最纯粹的化身象征，更是放之四海皆准的。

同样的，“除非你的灵魂经过圣灵的洗礼”这句在多发性硬化症病人解读中出现的评述，也是典型的基督教用语。但它背后的思想——认同神性自我之后开启的新的生命之路——也体现在世界各个高深教派的许多种不同的描述之中。因此，当凯西提及基督意识的时候，是在使用在基督教传统下长大的人们最易接受的术语。这一术语指的是一种精神状态或阶段，它也可以用许多种其他名称代替。

达到基督意识的精神状态正是“至善之法”。“我并非来此废止律法，”耶稣的原话[1]可能是这样的，“而是教导你们如何通过灵性意识成全它。”

但要完全获取这种意识状态不是一件容易的事。“要记住，”一段解读说，“要达到这种上帝神力的觉悟，并无捷径可走。它本是你自己意识的一部分，但不能仅凭向往而联通。太多的人以为想要就可以获得，但却没有通过精神上的诚挚参与，在心智历练中学习。那是唯一抵达开悟大门的道路。不存在通过玄学技巧到达的捷径，无论那些产生幻视预感之人如何夸夸其谈。他们也许有开悟的愿望，但愿望无法驾驭意志。生命的真理要在自身之中学习。你无法宣称拥有它，必须通过亲身学习来掌握。”

*　　*　　*

宣讲、冥想、祈祷、研读经文、奉行操守、服务他人，这些都是解读中常常推荐的获得精神革新的途径，但真正的进步无法机械地取得。除非心灵变得足够柔和，否则这种刻板执行就如使徒保罗的形象比喻，是“鸣的锣，响的钹”[2]；如果不是发自真正的慈悲，这些行为本质上就是没有意义的。作为纪律来说，它们是有价值的；作为诱导性的力量它们会产生一定效果；作

---

[1] 耶稣的原话：指《圣经》中这一段记叙的可能原话：“莫想我来要废掉律法和先知。我来不是要废掉，乃是要成全。”出自《马太福音》5：17。

[2] 《圣经·哥林多前书》13：1：“我若能说万人的方言，并天使的话语却没有爱，我就成了鸣的锣、响的钹一般。”

为学习经验，它们能将灵魂领入正确的轨道。但是众多在灵性上处于幼儿阶段的灵体不可能马上踏进大学。不是所有人的精神进化高度都能在一世生命里达到全心投入、无所不包的爱——而这正是真正基督意识的本质，取得之后才能解脱出来。

在一位患关节炎的年轻男子的案例中，解读的信息源显然很了解求助者的限制。因此，就如一位了解病人机体最大潜能的正直医师，他并不想以不切实际的希望误导患者，于是对他说："病情也许可以得到缓解，但不是彻底的治愈。"

但解读并不会就此放手。在这件个案以及其他类似案例中，它接下来会建议物质方面的治疗方法，因此无论该灵体能否直接达到精神上的解脱，都能在指引下付出积极的努力，战胜困苦。在此过程中学到的耐性、坚忍、刚毅，以及其他谦逊和良善的美德，至少能间接有助于精神偿还。显然，解读远远不是在促发对疾病的负面态度，而是鼓励积极主动的行为方式。

关于疗法的另一个重要特点是，解读始终都注重根据病人所处的心灵发展阶段给予忠告。对那些无法理解或不以为然的人，解读没有局限于心理方面的调节。根据科学家亚历克西斯·卡雷尔（Alexis Carrel）在《未知的人类》（*Man, the Unknown*）和《卢尔德之旅》（*The Voyage to Lourdes*）中的叙述，许多患有癌症和其他绝症的虔诚信徒在卢尔德的圣地得到了瞬间的治愈。就算这样的神效确实存在，我们也不可能期待它发生在没有同样深切信仰、不具备相同心灵状态和献身精神的患者身上。

对许多身体解读的比较研究，明确显示出解读信息源始终考虑到患者的信仰局限。例如，有许多案例显示，对于同样的疾病，解读对某些个体能通过纯粹的心理暗示获得治愈表现出明显的信心——这也体现了暗示的惊人威力和潜意识的服从特性。但在同一病症的其他案例中，显然患者不具备接受此种治疗的能力，原因可能是无知、怀疑或过于崇尚唯物观点。解读发现，对于这些人来说，更简单明智的方法是给予具体的医药治疗建议。

这使人想起印度先贤讲过的一个著名故事。一位伟大瑜伽士的热切小徒弟，得到了一些基本指点，可以运用心智做出不可思议的举动。聪颖的徒弟避世苦练，十年后又回到师父面前。“你这些年来都做了什么？”瑜伽士带着慈爱的关怀问道。“我学会了控制自己的心智，能够在水面上行走。”学生自豪地说。“我亲爱的孩子，”老师难过地说，“你浪费了自己的时间。难道你不知道只要给摆渡者两分钱，他就能渡你过河吗？”

这个故事由长久以来致力于拓展心智才能的民族讲出，尤其具有一种常识性的说服力，应该被那些拒绝一切医药治疗的人仔细考量。诚然，求取纯粹精神疗愈的努力是值得称颂的，而且还能锻炼意志。基督教科学派、宗教科学派[1]、基督教合一派[2]以及类似的形而上学宗教学派做出了极大的贡献，帮助大众认识到心理问题是许多疾病的根源，因此也可以成为治愈的出发点。但在心身医学中已经认识到的重要一点，也该引起玄学流派的注意：有时候病症不是由心理状况引起的；还有时候，无论病症的根源在哪里，最直接有效的治疗是通过医药而非精神手段。

另一个意义重大的凯西疗愈特点是，解读并未将任何一种治疗方法在根本上视为更具意义。所有的治疗方法都来自同一源头。

---

[1] 宗教科学派（Religious Science 或 Science of Mind）在新思想运动期间发起的心灵、哲学和超自然学宗教运动。

[2] 基督教合一派（Unity）参与新思想运动的灵性哲学派别。

一位背部极度痛苦的女子犹豫着该选择物理治疗还是依赖精神疗法。解读的回答如下：

“大部分病痛可由精神疗法攻克，但要对症下药。如果感到过度的疼痛，就需要采取能满足身体需求的疗法或调节方式。不存在区别，因为每一种疗法的益处都来自同一根源。它们并不像一些人以为的那样互相矛盾。

“主可曾用一成不变的方式治愈所有人？难道他不是对一些人施以器械治疗？告诉另一些人宣扬教诲？而对其他人仅口授言辞？’

“因此，在每种领域，如心智、身体、灵魂，都与那一体相谐。每种状态都有它的贡献和它的局限。”

一位匹兹堡的新闻工作者饱受关节炎之苦已有十年之久，并且一直偏重于寻求非物质治疗，建议是尝试水疗法以刺激循环和排泄，并接受紫外线治疗。他被告知：

“所有的疗愈都要在你自身之内进行。所有的疗法都来自神圣之源。是谁治愈你的疾病？供给宇宙万物的源头。

“所有这些不同的能量都来自同一个源头，而医疗手段只是在刺激身体内的原子。每一细胞之内都如同一个宇宙。

“无论作用于身体的助力是来自医药、器械、水疗还是其他任何种类，它们必然是来自同一源头——生命本身。”

另一个必须提及的、与凯西治疗哲学相关的一点是，尽管所有疾病的源起在根本和绝对意义上来说都是精神上的——我们生活在如此浸淫于物质之中的世界，可能与众多的灵魂群体产生紧密的联系，拥有参与层次多样的活动的机会，因此我们可被各种不同层面的因素影响。

例如：我们走入一家饭馆，吃了变质的奶油巧克力馅饼，导致食物中毒。一些精神分析师和心灵疗法专家做出诊断，认为病症是由心灵内部状态引起——可能是心理上对某种生活局面的抗拒。根据这一逻辑进行合理推导，难道我们不该断言饭馆里吃了同一批馅饼的另外 250 人，都是由于处在某种心理排斥期而走进同一家饭馆（多半是被潜意识牵引着），只为它提供了呕吐的实际理由？

如果我们坚持强调发生在自己身上的任何事都是精神上的原因造成，小到生活中最微不足道的细节，就会不可避免地得出以上的结论。固然，无论这一解释看似多么牵强，仍然有可能是正确的。根据凯西解读的见证，大部分致病原因是来自无形的力道和牵引，因此我们无法否定上述可能性。但是，看起来更可能的原因是这 250 人都是疏忽大意或唯利是图的面包师的受害者，后者使用了变质的食料；一切只是发生在物质层面上，受害者胃部的化学物质与腐坏奶油中的有毒成分发生了作用。我们若要采取更实际、更易理解的分析视角，似乎就必须认识到，在人类现阶段的进化程度以及我们与物质的密切关联下，我们不可避免地被许多化学、生物、机械、社会、种族和经济的力量影响，而对于它们的发生没有内在的、直接的责任（尽管我们最终必须获取力量，学会对它们不为所动）。因此，凯西经常对纯粹的身体症状给予纯粹的物质治疗建议，比如对中毒者直接采用解毒剂，对充血肿胀简单施用热敷，为寻求更适于身体的气候而建议搬迁。

一个人在街上跌倒导致手臂骨折，这种现象根据心理学家和心身疾病专家已充分证明的，可能归因于他的事故倾向性[1]特质，属于性格上的某种现状或特征；但也同时可能是由断裂的人行道或是莽撞小孩的自行车轮这类更简单直接的原因造成，而没有必要探索其灵魂深处的内在问题。无论事故真正的起因是什么，暗示、肯定、观想、祈祷或信仰这些心理途径，都可能利于促进骨头的接合，其具体的心身联系机制我们尚不够了解。但我们应该记住的是催眠中的凯西常常表达的观点："意外事故经常发生，即使是在造物之中。"这句带有微妙意味的隐晦话语，应该帮我们打消那种将发生的一切事情归因于某个滴水不漏的因果理论的倾向。

除了对致病因素的思考，凯西解读提供的医药治疗方案本身也值得探究。这些治疗手段在未涉及因果的病例中都同样被解读所推荐，它们本身就构成了独立的研究课题。作为一名医师，解读的信息源在选择治疗方案的时候是彻底的博采众长主义者；解读中推荐的治疗方法的总名单包括食疗、锻炼、药剂、维生素疗法、手术、草药和草药制剂、按摩、正骨术、水疗、电疗，以及借助两种仪器——微电阻抗和湿电池装置[2]的疗法。

后面这两种仪器从某种程度上说是凯西解读自己的发明，也就是说，制作它们的指示未经提问就由一个解读自动给出，随后在数百个案例中推荐了对它们的应用。解读也始终强调了正骨术的预防和治疗价值，并在从婴儿青

---

[1] 事故倾向性：事故倾向性理论是历史最长和最广为人知的事故致因理论之一。一些科学家通过对大量事故案例研究，发现在现实生活中有少部分这样的人，在相同的客观条件下，出事故次数比其他人多得多。因此，有的心理学家提出一种称为事故倾向性的理论。这种理论认为，事故与人的个性有关。某些人由于具有某些个性特征，因而比其他人更易发生事故。换句话说，即这些人具有"事故倾向性"。

[2] 微电阻抗和湿电池装置：微电阻抗（radio-active appliance），湿电池装置（wet cell battery），是凯西解读推荐的两种特殊疗法。

光眼到治疗不孕症、使生产过程轻松顺利的案例中取得了极其显著的疗效。

凯西解读还包含了其他许多创造性的治疗方法。我们期待着受过医科训练、具有专业素质的调查者，去检验、展示它们在那些被医药科学放弃治愈希望的病例中的有效性，并总结这些治疗方法在不同疾病中的关键作用。

到目前为止，已经调查的解读资料显示出一种伟大的新型治疗哲学、一种全新的一元论人类学科的大致轮廓。人类就像由三个基本元素——身体、心智和灵魂组成的单一个体。这种三重特性是由同样三位一体的神圣源头衍生而来，并依次体现在医学、心理学和宗教这三大类知识体系之中，它们从古至今都在不断地发展。这三个分支一直在追求各自的目标，它们的轨迹常常彼此冲突；但是也许，它们之间的分歧和冲突是由于人类对自身真相的无知所导致。也许实际上，医生、心理学家和神父是工作在同一张实验台上的三个工人，或是塑造着同一块柔软陶泥的三名模工。

第九章　心理学的全新维度

参解谜题是种有益身心的消遣。在许多儿童游戏的谜底之下隐藏着重要的逻辑或思维条理。那么也许，当我们试图解开最重要的谜题——人类命运、源起和终极归宿的课题时，可以用上从一个简单的火柴游戏中学来的智慧。

在这个游戏中，参与者需用六根火柴摆出四个等边三角形。一开始，他充满信心地拼凑三角形，但很快便开始沮丧，最终失去了找到答案的希望。这个谜题难以解开，除非他能灵机一动，在三维空间而不是二维平面里搭起火柴，构建一个直立的金字塔，而非徒劳无功地拼凑平面三角形。

关于人类的谜题在某种意义上与这个火柴游戏相仿。只有通过增加一个新的维度——时间——人类才有希望解开身世之谜。

人类肉体的出生与死亡通常被视为个人存在状态的开始和结束。但是如果能用科学方法证实，人并不仅是一具身体，还有一个居住其中的灵魂，这一发现将革新心理科学。这就仿佛打入地下的竖井，从表层土壤深入到了地底岩层；现代“深层”心理学相比之下会显得如此肤浅，就如同种洋葱挖的两寸深的洞之于开采石油用的两里深的井。

首先，这一新加入的时间维度将会拓展人类对性格特点的认知。长期以来，心理学家对构成性格的各种元素进行了统计学和临床上的细致研究，它们成为体现人类心智复杂性的丰碑，在人事工作、职业引导、临床心理学领域都有着许多实际应用。但相比之下，它们只反映出人类心智的浅层表象。

向隐在暗处的背景里打上一束强光。被照亮的风景拥有自己奇异而绚丽的魔力，但它的首要意义在于，从中可以洞悉形成今日特点、才能、心态的漫长而曲折的路径。或者换个比方，相当于揭示了冰山淹没于水下的九分之八，而到目前为止，心理学家都在煞费苦心地研究露出水面的那九分之一。

凯西解读为这一新增加的时间维度以及如何通过它来理解性格现状提供了大量例证。

在生命解读档案中有数十例这类个案。其中一位报纸专栏作家多年怀有强烈的反犹太心理。在她的生命解读中，可以看到这滋生于巴勒斯坦，她曾与犹太邻居之间发生了频繁的暴力冲突。

一位 38 岁的女性曾谈过数次恋爱，但一直无法托付终身，原因是根深蒂固的对异性的不信任感。

相比之下，一位对宗教事务有着明显怀疑态度的广告文案作者，他深深地嫌恶所接触到的外国人的宗教信仰和实际行为之间的天差地别，以至于形成了深入骨髓的对所有外国信仰的质疑态度。

当然，每个案例主角也必然有某些环境因素唤醒了这些心态。痛恨黑人的男子生于 1853 年的美国南方，生活环境的习俗传统提供了白人至上主义的滋生土壤。在上述各个案例中，都可列举出可能的影响因素，对于其他无数案例也一样。

精神科医师也同样认为，心理上的主要生活态度产生于潜意识中。在身体病痛方面，增加了更长的时段，以利于寻找致病因素的源起。

和生活态度一样，人的好恶和兴趣都是性格的重要组成部分。人类的自我保护、繁衍和竞争的基本天性，都与其在生活中表面上的兴趣爱好密切相关。但是，在这些基本的共性之上，原始的需求在不同的人之中通过兴趣和热情表达自己的方式却是极其多样的。

例如，在一个家庭的五个孩子之中，其中一个可能对研究蝴蝶特别热心，其他的则分别热衷于音乐、机械、绘画和恶作剧。对这些不同兴趣和精神面貌的通常心理学解释是，每一个体的天性主要是由基因遗传决定，其次是受家庭格局中的地位和经历等精神分析因素影响。这一解释目前来说完全合理，但对于探究视野广阔的人来说，还不够充分。凯西解读坚定地将天赋兴趣归因于灵魂自己的传承，而非祖父母的基因馈赠。依据凯西的观点，在我们这个假想的五子之家中，当前的爱好倾向必然有其经历的生成基础。

一位纽约牙医生长于大城市中，从事着成功的职业。他的家庭在好几代之内也都是都市一族。尽管他对自己的工作满意，也热衷于城市生活，却时常产生拿起猎枪和钓竿去往乡野溪流、独自在野外宿营的冲动。这种对自然和户外的强烈向往虽然并不少见，却是他本人彻头彻尾的城市性格中的不和谐音符。

许多人都会被某个特别的地理位置强烈吸引。一位美国东海岸的女商人多年以来都向往着祖国西南部。她最终迁往那里，现在生活在新墨西哥州，并拥有一份酒店经理的职业。

四个分别对南太平洋群岛、新奥尔良、印度和中国有着明显热爱的人，他们曾在那些地区生活，因此而感到强烈的亲切感。

对不同种类的艺术或职业的兴趣也同样被解读追溯根源。当时这些艺术形式正达到巅峰。

德国考古学家海因里希·施里曼，发现了被掩埋的古城特洛伊的遗迹，并由此为荷马史诗确立了史实基础。他本是德国北部乡间的一位贫苦牧师的儿子，从童年时代起就对《伊利亚特》的故事着迷，并且怀抱着学习希腊语和找到特洛伊故事发生地的志向。

施里曼在人生的前35年里为自己后来实现考古目标积累了资金。他成了一名杰出的语言学家，而最热衷的还是希腊语和与古希腊有关的一切。晚年他在交谈中使用荷马式的言语。据传记作家记载，施里曼曾把一本《荷马》举在儿子头上，向他背诵荷马诗篇，然后把他交给希腊祭司受洗，而这只是他无数夸张的沉迷行径之一。如此不同寻常的热情，如果看作是一种灵魂的乡愁就更易理解：他思念着某个时代的快乐经历，因此试图通过创造相同的环境再度体验。

还有无数其他例证从名人传记中凸显出来。其中引人注目的一例是作家拉夫卡迪奥·赫恩，他出生于希腊伊奥尼亚群岛，父亲是爱尔兰人，母亲是希腊人。赫恩从希腊出发，闯荡了英国、美国和法属西印度群岛，最终在日本找到了自己“真正的心灵家园”。他在那里娶了一位日本妻子，采用了日本名字“小泉八云”，并成为一所日本学校的教师。他那令人惊叹的对日本文化视角的直觉领悟，以及向日本人解释西方、向西方人展现日本的超凡才能，如果被看作曾在日本生活的产物就不那么稀奇了。

托马斯·爱德华·劳伦斯是另一范例，就如一位传记作者形容的，他“血管里流淌着”与阿拉伯人打交道的才能，并且真正成为他们中的一员。他在祖国英国和那里的家中从未感到自由自在。学校使他觉得无聊——关于十字军、中世纪城堡和防御工事的学习除外。也许他在潜意识中留有这一遗愿，成为追求。

对异国的特殊兴趣不仅在伟人和名人身上体现，在普通人的交往圈子中也屡见不鲜。

人格特质和兴趣、心态一样，是性格分析中的重要元素。

一位富有的年轻男子逃避现实的酗酒行为给他名门望族的家庭带来失望和耻辱，这种弱点的根源是在淘金热潮中度过的放纵迷醉的生活。

任何熟悉个体差异心理学及其研究重点的人都会认识到，这些资料如果是真实的，将赋予差异心理学全新的深度和广度。

问题的关键是，现代心理学假定人类个体之间的差异主要由双亲的基因决定，其次是受环境影响。但是灵魂的每一种特性都是自己取得，而非父母遗传。

遗传理论中存在的一些谬误尚未被普遍认识到。它假定心智秩序现象可由生理秩序现象产生。如果我们记得爱因斯坦那可爱而直率的大胆进取精神（“你是怎么发现相对论的？”“通过挑战一个公理！”），也许也该挑战一下作为遗传理论基础的这一基本假设。固然，人类对于心智—身体之间关系的认知仍然处于婴儿阶段；但似乎更可信、在心理学上也更合理的假设是，当前的心智秩序现象必定大部分由以往的心智秩序现象造成。佛陀说：“你是什么样的人，是你所有念头的结果。”[1] 在佛教这一卓越而在心理学上严密精确的宗教中，佛陀教导说，一个人的个性是他在过往思考和行为方式的产物。仅从机械论观点来说，似乎理应提出，只有反复的努力才能导致个人能力的形成。

拉尔夫·沃尔多·爱默生[2] 作为东方思想的殷切学生、印度教圣经——

[1] 佛陀说：“你是什么样的人，是你所有念头的结果。”出自《法句经·双品》：“诸法意先导，意主意造作”。

[2] 拉尔夫·沃尔多·爱默生：(Ralph Waldo Emerson，1803—1882)，美国思想家、文学家，诗人。爱默生是确立美国文化精神的代表人物。美国前总统林肯称他为“美国的孔子”、“美国文明之父”。

《薄伽梵歌》[1] 的忠实读者，对这一概念有着透彻的理解。这在他的许多著作中都有所流露，而在小品文《论经验》中表达得尤为明显。文章是这样开头的：

“我们置身何处？在一系列不知其尽头并深信没有尽头的事物之中。

“我们醒来，发现自己身处阶梯之上；下方，似乎是来时攀爬的台阶；上方，无尽的阶梯延伸到遥不可及之处。但是根据古老的信仰，神灵们守候着入世的大门，给我们喝下忘川河水，从此无法讲述自己的过去。调制的饮料如此浓烈，以至到正午还未摆脱昏沉。”

一种新的差异心理科学的基础也就此诞生。人们在出生时具有不同天赋的原因变得一目了然。

行为可以是恶的或者善的，自私的或者无私的。如果行为是好的，则它的延续不会受到阻碍，将得以自然地发展，这可被称为“连续法则”。但是如果行为极其恶劣或者不道德，则它必须被纠正，等待它的就是报应律，这可以被称为“报应法则”。

通过报应法则，痛苦的平衡将我们拉回自我完善的狭窄小径。而连续法则让我们安然而不受阻断地沿着同一段路前行。如同分隔成许多小室的鹦鹉螺，我们为自己的灵魂建起越来越庄严的宅邸，直到获得终极自由。

---

[1] 薄伽梵歌：字面意思是“世尊（黑天）之歌”，学术界认为它成书于公元前五世纪到公元前二世纪，是印度教的重要经典，被多数印度教徒视为神圣。薄伽梵歌顾名思义是一段诗歌，描述了阿尔诸纳与奎师那之间在俱卢之野战争前，在战场上的对话。当时的阿尔诸纳看见许多亲戚朋友都在敌对阵营，感到难过而困惑，因此向正在充当他马车夫的黑天寻求指导。黑天对阿尔诸纳的劝导采用了许多印度教基本的宗教信念与概念，而且他也向阿尔诸纳展现他与宇宙为一体的神身，最终成功说服阿尔诸纳参战。

第十章　人类的性格类型

美国幽默作家罗伯特·本奇利曾说："世界上有两种人：把世界分为两种人的人，以及不这么分的人。"他以绝妙的诙谐笔触概括出人的类型。这种说法就和其他许多类型学一样在理。

同时，他也点明了近年来存在于心理学家之中的关于人类性格观点的一种基本差异。一些心理学家将人类分为几种特定类型，其他一些则不这么做。前者拥护人类性格的"类型论"，后者则倾向于"特质论"。这两种论点都试图对人类之间存在的差异进行分析。

在我们每个人的日常生活中，都会发现有不同类型的人存在，而我们会按照自己的价值观予以分类。其中有随和、容易交流的类型，沉默、难以沟通的类型，自私的人，自我中心的人，凡此种种。许多心理学家也发现，人们会自动分成一些基本的群体。科学家们自然而然地试图为观察到的这种分组建立科学基础。由这一观点出发产生了许多不同的分类法，其中著名的有荣格[1]、斯普朗格[2]、克雷

[1]　荣格（Carl G. Jung，1875—1961）瑞士心理学家和精神分析医师，分析心理学的创立者，提出了内倾型和外倾型性格理论。

[2]　斯普朗格（Eduard Spranger，1882—1963）著名德国哲学家、教育学家、心理学家，提出了六种类型的人类价值取向：经济的、理论的、审美的、社会的、政治的以及宗教的。

奇默[1]、罗沙诺夫[2]等人的理论体系，它们都博得了科学界的严肃认可。

也许普通大众最熟悉的科学分类法莫过于由卡尔·荣格首创的内向—外向类型论了。根据荣格对这一概念的表述，所有人类性格的基本区别存在于他们对外在和内在现实的关注方式上。这点可以在他所选择的命名法——“内向（introvert）”和“外向（extravert）”的拉丁词根中表现出来：*vert*，意为“指向”，*intro* 是“内部”，而 *extra* 则是“外部”。但是荣格及其追随者们未能对命运如何将内向和外向性格分配给不同的人这一点提供令人满意的根本解答。这两种基本心理状态的成因被荣格和大部分权威人士归结为生理因素。

一名 21 岁的女孩，在大学中进修音乐课程。尽管她本人很有魅力，却异常羞涩和胆怯，在交友方面存在极大困难，因为未被女生联谊会接纳而感到忧虑。女孩幼年的生活环境未知，很可能她的家庭环境中存在着使她产生内向性格的因素，或者如奥弗斯特里特（Overstreet）描述的收缩型人格（Contractive type）。

她曾是一位富于天赋和美貌，待人无比和善的法国女士，但她的丈夫却像是勃朗宁在《我的前公爵夫人》中描绘的那位傲慢公爵一样，不能忍受妻子对所有人等都一视同仁的亲切和蔼。因此他以冷酷残忍的专横态度压制她每一种天然的冲动，有时甚至鞭打她。这使她在惧怕之下内向退缩，对误解

[1] 克雷奇默（Ernst Kretschmer，1888—1964）德国精神病学家和心理学家，以研究体态、体质与人格特征的关系闻名。他发现体型与人的性格有关，并由此把人分成四类：矮胖型、细长型、运动型和发育异常型。

[2] 罗沙诺夫（Aaron Rosanoff，1878—1943）俄裔美国精神病学家，以其人类性格理论著称。他将人类性格分为七等：正常、歇斯底里、疯狂、忧郁、孤独症、偏执狂和类癫痫。

和惩罚的恐惧留在她的潜意识中。

有一些案例则展现出造成心理冷淡的不同原因。一位医生异常沉默寡言的性格起源于身为教徒的缄默习俗。一位纽约销售经理表现出社交能力的极度缺乏，他曾是南非探险家，自给自足。一位俄亥俄州医生，尽管能胜任职责，却极其不爱交际，并常常自我怀疑。这种性情的起因是他曾为公众福利付出无私努力，但他的贡献被人妄加轻视嘲讽。因此他梦想破灭，心怀不满，对自己和人类都充满怀疑，变得离群索居。

上述个案以及其他许多凯西案例说明，内向性格源起于造成自我退缩的经历，然后自然延续。

连续法则在外向性格的个案中也起着类似的作用。一个突出的例子是一位年近四十的离婚女士，性格无拘无束，目前正经历第三次婚姻。她从过去生活的法国宫廷学到了交际手腕和魅惑功夫，“将上至国王下至洗碗女仆的一切人等玩弄于股掌之间”。做舞厅艺者时，她利用天赋，并将其进一步发展，直到命运的转折和心态的改变使她转而成为社区中的助人天使。

另一个有趣案例的主角是一位纽约娱乐演员和魔术师，他非常富有个人魅力，善于交友，并拥有出色的喜剧天赋。这些令人羡慕的外向特质也是来自作为美国莫霍克河谷的早期移民，曾试图把当地的各个殖民点联合起来。

他的领导才能和个人魅力很大程度上来自美国早期的理想主义奋斗。显然他也参与政事，并且非常有志于提高国民福利，凭借自己的才艺取得了出色的交际能力。

内向性格如何转化为外向性格，这点非常值得研究，反之亦然。我们必须记住，“内向”和“外向”这两个词语的原意是注意力向内或者向外的指向；这两个词本身暗示着心理动态的方向。那么可以推测，向内或者向外的心理活动，就和其他任何运动一样，除非被强制停止，否则会一直延续下去。

一个灵魂可能带着动物般的健康平静度过，性格可以说既非外向也非内向。但是我们假设发生了一些事情，使得注意力转向自身。也许是一条跛腿或是孱弱的身体，使他无法和其他健康、无拘无束的外向同伴一起生活。

这种内向倾向就此开始，*起初它是健康的*（虽然也许并不舒适）。虽然它以补偿机制的形式出现，却有其好的一面，使该个体的分析能力、价值观、对非物质现实的注意力都有所提高。但是这一动向的惯性使他滞留在内在方向上，直到不断增长的自我偏见让他为自己建起了一座象牙塔，此时外部世界显得不再必要、不值得关注。一种超然态度和冷漠的优越感将他越来越与他人隔绝，消极主义的态度开始令他变得散漫而不合群。

这些性格倾向继续强化，直到这种不健康的内向延伸和随之产生的对他人的疏忽或冒犯发生作用，导致某种崩溃。这种无法忍受的情形和僵局，最终使自我感到恐惧，而决定改变注意力的方向。使用一种朴素（而且不够全面）的类比，这就好似某人满不在乎地允许脚趾甲不断向内生长，直到造成的痛苦如此剧烈，这位懒惰的主人终于去看足科医生，将其移除。

但现在进入了另一个至关重要的阶段：他能否保持外向的性格，快乐地适应社会，同时不利用自己的社交才能自我放纵、自我膨胀？正如极端的内向性格可以演变成孤独个体的自我陶醉，极端的外向性格也会使善于交际的灵魂过度自满。因此，他变得傲慢而沉迷俗欲，我们发现从他引以为傲的社交能力和有恃无恐中产生了自私的行为。

他为了人格的平衡，再次被迫考虑社交问题，并且这一次能够从更具精神意义的基础出发。

新一轮为取得平衡的奋斗开始了。由此我们发现，黑格尔经典的正题、反题与合题也许不仅适用于推定历史事件的运动轨迹，还可能体现着灵魂进化的足迹。也许可以说，被称为内向与外向或者膨胀与收缩的两种性格，实际上只是灵魂的暂时状态，它们分别体现了荣格和奥弗斯特里特的正确直觉，是两种基本而极性相反的心理态度。但这二者与书桌上的分类档案架不同，不能把世上万民的名字归纳其中；它们更像是游客云集的旅馆，所有的旅人都会在某一时间在此驻扎。

内向和外向的极性相反，与男性和女性之间的极性相反类似。必须从两个极性中学习各自的美德，而达到雌雄同体的状态；同样的，灵魂也需要进化至同时具有内向主导和外向主导的性格，而终极目标是取得两者的力量而成为中向性格者。这一过程似乎是通过摇摆的形式往复进行，直到灵魂达到无比精妙的平衡，具备纯粹的内向接受和纯粹的外向表达，完美的内省态度和纯净的外向行为，那时就无法再以“内向”和“外向”来形容它，就如同无法用这两个词来描述一棵大树。

凯西档案中有许多或成或败的社交调整个案，为上文叙述的法则提供了实体例证。其中一例的案主是位非常善言、好胜的外向女士，曾有志成为一名演员，但是家庭环境的难处和比较矮胖的外形使这成为难以达到的目标。她转而进入商界。

她的身体外形和家庭困难抑制了在辉煌的职业生涯中展现戏剧天赋的机会；她的交谈能力相对来讲未被压制，但解读明确告诫她不要在缺乏精神内省的情况下使用表达才能，否则更糟的困厄将会降临。

这类案例体现了精神提升和职业问题之间的复杂关系。就如上述案例所示，职业挫折往往并非由任何个人能力的缺失导致，而是如果满足其事业上的野心，现存的某些精神上的缺陷就不可能得到矫正。解读建议这位女士

（她当时 32 岁）成为一名读故事的人，或是去陪伴年轻人和孤独卧病之人，或者以任何其他方式把自己的天赋用在助人和无私的方向。

另一例体现在滥用外向天赋能力，而引发矫正性精神环境的个案，是一位生活在华盛顿市的 49 岁的私人秘书。她写信说当自己加入任何社会团体时，都感觉不受欢迎，并认为原因也许是年幼时哥哥姐姐对她的排斥。

她写道："我带着一种恐惧情结长大，它一直如影随形。置身人群时，我总是感觉自己是多余的，言谈举止都无所适从。我想要融入但不知怎样做到……我一直有种感觉，我必须比别人做得都多，否则就怕自己不被喜爱。因此我牺牲了自己的安逸和健康去为他人效力。我希望被人需要。"她还说自己曾有过三次令人失望的恋情，其中两次尽管对方声称爱她，却终弃她另娶。

宇宙是诚实无欺的。它对受到的作用力总是针锋相对地返还。这位女士的遭遇恰像一面精准的镜子，反射出她曾加诸他人的苦恼。

不被需要的感受和内向性格驱使她自发地去付出努力帮助他人，这样就有希望被人喜爱、被人需要。修善通过这种方式得以达成。她只有通过诚挚的无私行为才能摆脱这种窘境。

被他人所负的经历较为常见，而且似乎无一例外地来自心理层面。关于这点，下面这段以加强语气说出的解读段落总结得最为简明扼要：

"要知道，首要的原则和永恒的律法是：人种的是什么，也必将收获什么。你曾令他人失望。今天通过自身遭受的失望，你必须修习耐性，这是所有品德中最美好也最少有人懂的一种。"

外向性格的人很典型的表现是不去留意他人的感受，因此没有比让他自己陷入内向的社交障碍，遭受他人的情感忽略，生活在别人予夺之权下更好的改正途径了。

上述个案以及其他许多类似的案例说明了一个基本原则：灵魂的性格倾向如同具有运动惯性般不受阻碍地发展，直到内部发生的腐化招致矫正性的停顿，然后将走向另一方向，最终抵达完全相反的状态。这些交替过程如钟摆般穿梭进行，直到取得平衡。在外向与内向状态之间的往返轨迹几乎与健康和财富之间的交替方式一模一样。

虽然我们在这里仅仅展示了对比荣格学说这一种当代类型论对解读做出的调研，但是对现存的所有类型学说都可得到一致的结论。无论它们是从心理出发的分类法，例如斯普朗格根据“价值观”对人群的分类，还是像克雷奇默那类的体质分类法，都是在研究深藏于个体心智和灵魂中的品性的外在表现，而这些品性通过进化过程演变。无论科学界对各种类型学说准确性的最终评判是什么，对于接受凯西解读的人来说，这些案例似乎至少确立了一个事实：现存的类型学系统无法为灵魂贴上永恒和最终的标签。为方便起见，可以把一种性格划进这样或那样的类型，但无论哪种类型，都只是意识的暂时定位，是不朽灵魂成长过程中的一个阶段。

第十一章　惩罚型心理

我们已经见证了属于道德范畴的骄傲之罪如何在身体上造成跛足畸形的实质恶果。凯西解读中还有许多案例是由精神上的罪行导致的严重心理问题。其中有两例较为突出的心理失调个案，其起因是对他人的失于包容。

第一个案例的主角曾苛刻、冷酷，对人类弱点毫不容情。她蔑视所有违背了律法字句的人。

刻薄性情的报应起初体现在腺体分泌障碍上，并持续了整个青春期。月经过多失调症使女孩无法规律地上学，每个月须卧床近两星期。她变得羞涩孤僻，由于缺乏与同龄人的接触，对她性格的各个方面都产生了影响。

这段失调症最终结束了。女孩发育出了美好的身材，成为纽约的一名职业模特，后来结了婚。但她的终身伴侣却是个不幸的选择。他们几乎没有共同之处，他冷酷而缺乏感情，而她迫切地渴求关爱。随着第二次世界大战的爆发，丈夫去往国外。她陷入强烈的孤独。这种痛苦实在难以忍受，她离家去了度假胜地，沉溺于酗酒和纵欲。她发现，只需要一两杯酒就可以从压迫她的社交障碍下解脱。

一旦开始，她就无力停止；这种醉酒狂欢持续的时间越来越长。有时她夜以继日地不停豪饮，持续三个星期，同时与看上眼的任何士兵、水手、飞行员、海军鬼混。喝醉的时候她对于衣着没有任何的礼节顾忌，会毫不在乎地仅穿着未系好的便服将垃圾送到后院，或者一丝不挂、优哉游哉地踏入寄宿公寓的会客室——除非被人制止。

最终这种长期豪饮开始摧毁她的健康。她双手抖得厉害，无法在丈夫寄来的安家费上签字。在片刻的清醒明智之下，她决定离开度假胜地（那里是附近好几个军营和海军基地的集会场所），回到了自己出生的城市。她最近的信件中表示自己担任着秘书要职，但其他一些消息来源表明她仍或多或少地饮酒。她与丈夫离了婚。

看起来很明显，她的堕落主要是由性格障碍引起，而性格问题最初是由腺体失常造成。她所无情鄙视的他人弱点成了她自己的弱点。通过这种方式，使她明白犯错的内在必然性，体会到了推动人走上歧途的欲求动机，以及在软弱和孤独下被迫通过满足感官欲望求取安慰的状态。和那些嘲笑别人的人一样，谴责他人者也必须在自我之中遭遇被他们谴责的那种处境。

另一个案例是一位女士，傲慢与偏见的典型。

她对于那些明显未丧失自我的人极端严厉、痛加质疑，无情声讨……因此给他人造成了诸多痛苦。

该个体 39 岁时出现精神失常，随后是接连 14 年的周期性精神抑郁。她终身未婚，其纽约时尚社区的地址和没有工作的事实似乎显示出她是一位能够经济自给的女性。她身上无疑存在着典型的内科或精神上的综合病症，赋闲无事也非常可能是她抑郁的重要因素。但是，就如前面指出的，这些因素仅仅是表面上、近期的病因，并非终极根源。她的性格核心里有一种对他人的不能容忍，对他们的追求和苦难抱着冷漠的态度。她的狭隘苛刻造成了许多人的绝望，而她自己也体会到了无望，这只能说是非常公平的。

与偏狭同属一类的另一种性格倾向是非难他人。一位 27 岁的军队中尉，常为个人能力不足感到异常苦恼。我们无法探索这种个性问题的表面成因。也许他的一位至亲过于挑剔和不讲情理，又或者他的外貌特征曾使他成为学校里同伴们的嘲笑对象，以上可能性都是根据他的罪恶性质推断出来的。解读说："人种的是什么，收的也必将是什么。你非难了别人，就要知道自己也必将被人非难。"

既然他曾使许多人失去自信，可以预计必然遭受的自我怀疑。这一意义极其重大，含有的精神启示值得我们深思。

评论家作为一种职业，只需要少数人的参与，但在当今地球上存在着约 25 亿[1]非职业身份的评论者。也许没有任何其他职业能拥有这么多的业余参与者了，他们从第一次学会说话起，到死亡将嘴唇合上，都贯穿始终、矢志不渝地追求这一业余爱好。从花费上讲，这不是一种昂贵的追求。它在世界范围内比饮食还要供给充足。和其他消遣形式不同，它可以在室内、室外、全年进行，除了两条舌头之外无需任何装备。只要让两三个人聚在一起，就一定会有评头论足。

但是，尽管在金钱上不需付出任何代价，苛评非难却可能是一种昂贵的消遣，有朝一日必将付出心理层面上的代价。埃德加·凯西获取洞悉能力的

[1] 25 亿：这个数字是 1950 年本书写作时的世界总人口数。

来源，常常给那些在这方面错误显著之人以强烈明确的忠告。下面是数百个类似个案中突出的一例：

“给予他人过于严苛的批评。**这种脾气应当改善，因为一个人对他人的评语，往往会通过某种方式，也成为他自己的处境。”**

这一直白评述，突然使我们联想起《圣经》中某些神秘难懂的字句。耶稣说：

“我又告诉你们，凡人所说的闲话，当审判的日子，必要句句供出来。因为要凭你的话定你为义，也要凭你的话，定你有罪。”[1]

以及：

“入口的不能污秽人，出口的乃能污秽人。”[2]

又及：

“你们不要论断人，免得你们被论断。因为你们怎样论断人，也必怎样被论断。”

[1] 《圣经·马太福音》12：36–37。

[2] 《圣经·马太福音》15：11。

这些段落具有了雄浑、确切和明智的含义，其实际威力不可小觑。

必须注意的一点是，在此处以及其他各处，动机和意图才是主导因素。文艺评论的职业本身并未导致年轻中尉的责罚，而是他在轻率从事职业的过程中抱有的态度和给他人造成的自信丧失。从始至终，重要的都不是法律条文，而是执行精神；不是形式，而是实质；不是行为，而是动机。

在前面关于性格特质的章节中，我们看到发号施令的经历可能造就颐指气使的性情。领导才能是值得赞赏的品质，但它也常走上专横残暴的邪路；历史上曾经不止一次，大权在握导致了傲慢和肆无忌惮的自我满足。凯西档案中就存在一些极端恶劣的滥用权威的案例。

其中一例的案主曾是上流人士，在致力于保护公众道德、捍卫基督教信仰、对爆发的罪恶进行清洗的过程中，发现了乘职位之便以谋私利的机会：利用那些被关押的女性满足自己的淫欲。

档案显示，这位清教徒中的败类患有严重的癫痫症。失去了语言能力以及对左半边身体的控制能力，他不能自己更衣，无法照顾自己的基本起居。肩膀歪斜，而且在经历了好几天的每隔二三十分钟发作的痉挛折磨后，不再能抬起头，或者靠自己坐起身来。

另一个值得研究的滥用职权案例有关一位女士，她曾身居要位，自己却变得独裁和肆无忌惮，几乎与她曾努力推翻的那些贵族一样恶劣。

40 岁获取解读的时候，她已经守寡 10 年，还带着一个小女儿。她不得不与诸多不利因素抗争，养活自己和孩子。有段时间她曾为美国公共事业振兴署的项目工作，但境况最多只算暂时糊口。孤独和缺乏娱乐使她感到极度气馁。

这类案例为分析人类困苦现象和从实际遭遇逆推到可能成因的研究提供了重要的推导线索。两千年前希腊悲剧作家埃斯库罗斯提到的“性格就是命运”，反过来也一样合理。在上文提到的案例中，似乎是今日的命运揭示了昨日的性格。

宇宙律法从来不为人类安排所扰。

第十二章　精神疾患

今天，弗洛伊德的大名和“潜意识”这一术语已众所周知。但许多人并不知道，他是在对催眠的研究中发现了潜意识。根据催眠中的对象能忆起在显意识状态下完全遗忘的儿时往事这一现象，弗洛伊德假定，潜意识是那些无法通过其他方式还原的记忆材料的储存之所。但由于在许多案例中催眠作为临床技术的效果不尽人意，他后来放弃了催眠方法，转而发展其他探索潜意识深度的方式。但无论如何，催眠术应该被视为精神分析学之母。

催眠下的个体有可能发掘出他人的历史。但也许比这还更重要的是，似乎一个人可以使用催眠或是类似的技术（例如消除有害印痕的回思术）重新体验本人的经历。催眠年龄回溯实验证实，在人类心智的某些层面上储存着从出生起经历的每一件事情的详细而连贯的记忆。假如要求一个被“回溯”到十岁的催眠对象写出自己的名字，他将会以十岁时的笔触写出；继续追溯到六岁时，会呈现更加幼稚的笔画；而回到三岁，则除了用铅笔乱画以外写不出什么。这些回溯实验在大学课程中常被使用，该领域的学生都非常熟悉。

但少有人知的是，19 世纪后半期的法国科学家德・罗沙（De Rochas）曾宣布自己能够通过这类年龄回溯实验唤醒记忆。也许有一天他将被视为心理学领域的先驱而受到推崇。最近，宾夕法尼亚州沙伦市的A·R·马丁（A.R.Martin）进行了类似的研究，并出版了一本卓越的著作。类似这样的从科研角度出发的探索努力是有其意义和价值的，在不久的将来，它们也许能提供决定性的实验证据。

潜意识的蕴藏底限比即使是今天的精神分析学家们认为的要深得多。这些个案并不总具有实证意义。但其中一些案例至少在某种程度上是具有证明意义的；而那些不属于此类的，只能被视为错综复杂的真实全景的一些拼图碎片，一旦理论体系的整体合理性浮出水面，会自动为其添加可信的细节。

最奇特的精神病症之一是恐惧症。精神分析家们一般将其理解为一种过分的恐惧，起源于导致强烈的敌对状态、被压抑的攻击性或是内疚感的一系列复杂的状态或关系。这些被压抑的情感过后将以剧烈和不可理喻的、恐惧的形式发泄出来，可能的恐惧对象包括幽闭处、高处、猫、雷雨以及其他几乎无穷无尽的各种事物，它们的选择与某种基本的突发状况有直接或间接的关系。但至少在一些案例中，这些极端、看似不理智的恐惧心理有着与经历直接相关的合情合理的成因。

其中一位案主是位女士，从少女时代就恐惧封闭的环境。在剧院里，她坚持坐在出口附近。如果乘坐的公共汽车变得过于拥挤，她会下车等待下一辆。在去郊区游玩时，她害怕进入岩穴、洞室，或者任何狭小幽闭的空间。她自己和家人都无法理解这种反常的恐惧，因为谁也想不起可能造成这种心理的任何不同寻常的童年经历。

另一位女性案主有两种恐惧对象：切割工具和所有毛茸茸的动物，尤其是各种宠物。每次当她看到附近有尖利工具或是任何人在使用它们时，都万分担惊受怕。

她来自一个大家庭，所有家人都拥有宠物。她的一位哥哥尤其喜爱动物。但是只要在房子里看到猫或者狗就能使她不舒服，就和一般人看到蛇的反感一样。此外，她从未穿过皮毛大衣，甚至镶有皮毛领子的衣服也不行。精神科医生可能会从她与其他家庭成员的关系中寻找恐惧症的成因——例如，也许是对那位特别喜欢动物的兄长的嫉妒——并将恐惧症解释为对抗状态的表现。

如果从普通心理学观点出发、带着批判的眼光审查这些案例，我们也许会疑惑，在所有这些个案中，难道就没有一例的恐惧可以充分解释。诚然，也许可以找到一些被压抑的感情困扰，但这仍不能否定更早的记忆才是恐惧真正根源的可能性。例如，对幽闭之所怀有病态恐惧的女士，也许曾在四岁时被关在黑暗的衣橱内，后来逐渐忘怀。在自发的回忆或催眠之下，能找出这次事件，而心理医生也许会根据这一信息，推定可能造成神经紊乱的情感因素。

在这些案例中存在一个常被忽略的重要事实。尽管必须承认，在情感领域不能期待完全等价物，但那些使某些人产生恐惧症的类似情感经历，也被无数其他人体验过，他们却未曾患上恐惧症。为什么有些人就更易受影响呢？如果所有经历过常常造成幽闭恐惧症的那类精神苦恼的人都得上这种病，将导致巨大的整体患病人数，以至于电话亭、宿舍、单间公寓和一些时髦夜总会都会被视为威胁公众健康和心智安全而取消。

凯西资料对这一问题的解答是：对于同一种情感经历，某个孩子具有比其他孩子更严重的产生神经紧张的倾向。

潜意识就像是装有假底的盒子，比普遍推测的要幽深得多。一些精神分析家——著名的有卡尔·荣格——已经感觉到深层意识的存在必要，因为只有依靠它才能说清那些按其他方式解释不通的心理现象；并谈到了“集体无意识[1]”、“种族无意识”或“种族记忆”。它们是基于这样一种假设：人的意识中存在着某种种族经历记忆库，所有的个体都能从中获取信息。尽管我们无法肯定地说这种大型记忆库不可能存在，但它却似乎比前文的理论——记忆是来自个人的，并在潜意识中向回延伸——更令人难以接受。至少个人记忆理论不能说比集体记忆理论更难以置信，后者将记忆比作谷物般堆放在仓库里，被集体中的其他人取走和使用。如果这种集体经验的现象的确存在，也似乎不再是严格意义上的记忆，而更像是一种认知，或是认知过程。

根据凯西解读的观点，个人确实拥有潜意识记忆，它们也的确从古老的过往涌出，但却是来自每个人自己，而非某些假想的种族记忆库或者一些早已逝去的祖先。所有潜意识中的恐惧、憎恶、爱好、冲动，都是由自己遗赠给自己，就如一个人把自己的今天所得留给自己的明天。他自己曾经被可怕的丛林和他人的残酷威胁，那么现在仍感到不明原因的害怕和没有理由的忧惧就是很正常的。他曾有切实的原因爱慕或者憎恨许多和他现在仍有关联的人，那么对这些人产生无法解释的爱与恨就只能说是合情合理了。

[1] 集体无意识：指由遗传保留的无数同类型经验在心理最深层积淀的人类普遍性精神。在1922年《论分析心理学与诗的关系》一文中提出。荣格认为人的无意识有个体的和非个体（或超个体）的两个层面。前者只到达婴儿最早记忆的程度，是由冲动、愿望、模糊的知觉以及经验组成的无意识；后者则包括婴儿实际开始以前的全部时间，即包括祖先生命的残留，它的内容能在一切人的心中找到，带有普遍性，故称“集体无意识”。

显然，深藏记忆的异常浮现也可以表现在恐惧症以外的形式中。在几个案例中，反复出现的梦境被凯西通过前世经历做出解释。其中最引人注意的个案之一出自一位女士的咨询：“为什么我做过无数次同样的梦，梦中的世界正被倾覆，同时总是伴随着毁灭性的黑云？”解读显示，这个梦是源自她经历过一场可怕的洪水劫难，以致梦境中反复出现。

类似上述的案例不可避免地引发对整个记忆问题的探究。我们记不得任何婴儿时期的经历，对童年发生的事也记得很少。有意识记忆是如此微妙的东西，大大小小的事件如同溪流般从我们身边流逝，说“我不记得”并不能证明某件事没有发生过。如果问问身边任何一位朋友：“1939 年 4 月 5 日早上 10 点 26 分，你在做什么？”我们可以拿自己的银行存折打赌，对方不可能诚实精准地回答这一问题。他无法回想起自己生命中的那一刻，但决不能因此说他不曾经历那一刻。

因此，基于以下两点，这种异议易于反驳：首先，对记忆的遗忘和压抑是种非常自然和普遍的人类现象；其次，记忆的性质是细节往往流失，结果会被留下。举例而言，任何受过教育的成人都能说出 $7\times7=49$，$12\times12=144$。他不会记得在三年级或者四年级学习这些算法的时候度过的那些痛苦的时光，但那许多次反复思索努力的有用沉淀物——学到的能力和计算结果，留在了他的头脑之中。

同理，人对火的谨慎、对狗的提防、舞蹈能力或是做任何事的技巧也是一样。我们拥有行走的能力，这显然说明小时候曾有一段时间努力学习如何走路，但十万人中也不会有一个实际上记得学习这一能力的具体详尽的努力过程。

因此，对细节的遗忘不会使对习得能力的记忆无效；人的良知状态（或者说道德内省的层次)、智慧程度以及能力水平体现出了经历留下的总成果，而过程和细节流失了。

不朽的灵体就像是台下的演员，能够记得所有的过往，但演员进入了角色，某种防护措施会阻止他记起任何过去的事情，除了从前学到的那些总成果或者基本原则之外。从某种意义上来说，这与一位莎士比亚戏剧演员的表现类似，他在家时能记得自己演过的所有戏剧里的场景；但当他出演《哈姆雷特》时，《威尼斯商人》中的夏洛克角色就被完全排除在意识之外了。

这种记忆库确实存在——无论它被叫作什么或是具体位置在哪——而且能通过许多不同的有意或是无意的方式开发。

有人说个体为自己已不再记得的过去行为受罚是不合理的。但归根到底，这就像是在说，一个成人受到婴儿时期形成的无意识心理冲突的困扰是不合理的，两者同样站不住脚。动态过程遵循它们自己的规律。我们必须学会根据实际情况确认对自然法则的认知（而自然法则具有至高无上的合理性)，而不是去强求世界符合我们按自已预想的观点形成的标准。

这种遗忘的眼罩将过去隐瞒。在巴拿马运河中，轮船在船闸的协助下得以从大西洋航行到太平洋。也许对无知的人来说，船闸看起来是个笨重、麻烦、非常违背自然的装置。但设计这个系统的工程师想要解决的难题是，如何让船在水位不同的广大地区之间航行，从一个水面高度进入另一个。船闸的使用严密而出色地解决了这一问题。

在意识领域内也类似。意识就如同巴拿马运河的水，连续不断地流动；但为了协助个体的小船通过，有必要放下船闸，改变水面高度，将通道的不同阶段隔开。

除了恐惧症和反复的梦境，在凯西档案中还有许多其他的精神失常案例，例如幻觉。

严重的精神疾病在很多案例中被解读归因于纯粹的生理因素，并完全依靠身体治疗取得了非常显著的效果。其中一例已在第二章中提到：那位拔去受压迫的牙齿而恢复理智的女孩。另一个突出的例子是一位邮局职员，他变得乖僻和令人不快，并且越来越狂暴。家人说服他到医院接受检查，结果被诊断为躁狂抑郁症，并送进了精神病院。妻子向凯西请求解读。结果显示，他许多年前在冰上摔倒造成了尾骨部位的脊柱损伤，进而影响了整个神经系统。解读推荐了具体的正骨疗法以及伴随的电疗法。家人设法为他取得了这些治疗，六周后医院就宣布他可以正常出院了。无论如何，他通过纯粹的身体治疗获得了痊愈。

当然，这一理论与现代精神科医师的观点完全背道而驰，他们必然将其看作一种过时的迷信。但是如果我们接受个体在死后还能继续存在的现象，就没有合理的原因矢口否认，说具有邪恶属性的灵体不可能带着恶意，试图侵占或是影响一个活人的性格和身体。

在凯西档案中出现的少数几例附体个案中，建议的疗法通常会包括某种形式的电疗（“外灵的侵扰无法经受高频振动”）、祈祷和冥想。在一例个案中，求助者严格遵照治疗建议，在几个月之内就摆脱了听到低语的困扰。而另一例的案主除了改变食谱的细节之外没有遵从解读的疗方，问题没有得到任何进展。

这些相关的解读案例可能为我们指出了认知精神疾病的悲惨领域的全新视角。当然，一般而言，凯西资料对精神病学和精神分析学具有的最重大意义，在于它们对潜意识领域的扩展。上文列举的那些精神异常案例只体现了潜意识的负面内容。但是我们必须永远记得，潜意识并不只是充满恐怖和惨事的黑暗地窖。它作为记忆库，同时储存了正面与负面的信息。事实上，凯西解读将其称为“灵魂心智的记忆”，以区别于属于肉身心智的记忆。尽管在这个记忆库中存在着威慑元素，但它也提供了有益的内容。例如，一个人可以通过潜意识与所有其他潜意识沟通，因此而获取仅凭感官印象无法企及的知识。

心理学家最关心的事情之一应该是对整个潜意识概念的阐释和扩充，以及研究出某种技术，让显意识除了被潜意识中的负面信息影响外，还能从其正面内容中获益。

第十三章　婚姻与女性命运

婚姻属于最亲密也最难把握的人类关系之一，它最好的一面可以让人受益无穷，最坏的一面则是难以形容的压抑。婚姻带给人类最高的幸福或是极端的束缚，在这两个极点之间还存在着各种不同程度的快乐与羁绊。

从法律的角度来讲，婚姻是一份契约，一种文明习俗。从精神分析观点来看，它是展现性爱欲望与情感需求的舞台。教会将其视为圣礼。心理学把它看作行为与调适的难题。而对玩世不恭者来说，它只不过是给傻瓜预备的陷阱。

根据更为广阔全面的视角判断，以上每种定义都是准确但片面的。心理学家林克（Link）将婚姻定义为“两个不完美的个体通过这种方式，在为幸福奋斗的过程中将各自的力量联合起来”。如果“为幸福奋斗”也意味着“为自我完善而奋斗”（没有这点就不可能有真正的幸福），这样的定义就与古老的智慧观念相当接近了。从这种拓展的观点得出的婚姻定义就可能是，它是两个未臻完美的个体互相协助，锻造新的灵魂品质，提升精神领悟和力量的机会。

所有主要人类关系的发生都不是巧合，而婚姻似乎是以最高程度体现这一事实的终极范例。没有任何婚姻是在一张白纸上开始的，它永远是连续剧中的一集。婚姻的双方总是以这样或那样的方式在过去互相关联。

问："此时结婚是明智的吗？"

答："如果你找到了合适的人选，任何时候结婚都是明智的！这取决于结合的目的。"

家庭被视为最高和谐状态的缩影，我们都在朝这个方向努力着。

"应该把家庭当作你的事业，因为这是任何人在地球上可以经营的最伟大的事业。少数人可以同时拥有事业和家庭，但最重要的事业就是家庭，而那些拒绝家庭的人还要付出很多代价。因为家庭是每个灵魂都希求的最终归宿——天堂之家最接近的尘世对应物。你要把你的家庭经营成天堂之家的缩影。

"家庭情谊中存在的共同目标是人类与造物主关系在地球上最接近的体现。它使不同个体为了一个目的、一个理想而相互协调，最能体现造物创意。"

当然，这些都不能算是全新的观念。

值得注意的是，女性与男性的平等、女性的完全自主权都视作理所当然的事情。那些大男子主义、极权主义的观点——女性的唯一归宿是家庭孩子，此外无需他求——丝毫不被采纳。

在婚姻上也不存在适用于所有人的一套做法。最根本的心灵和精神原则永远都是不变的，但将它们转化为行动时，可能在每种状况中都有所不同。

一些女性被建议步入婚姻，一些被着重告诫追求事业；有的人最好先建立事业再结婚，有的则须同时结合两者；还有一些得在两者中作一个选择——她们不能够同时效力于两个不同主题。

一位18岁的女孩，羞涩、胆怯、烦闷，不知道自己将来该做什么。解读主张她参与帮助青春期少女的工作，例如营地辅导员之类，就是一种适当的选择。

有经验的心理学家会从纯粹的心理学角度赞同这一建议的可靠性。从事教学工作、与比自己更年轻、更缺乏经验的人共处，是让人变得外向的绝佳途径。领导他人的工作要求能够帮助个体建立自信，否则可能永远都会缺乏这种品格。内向者在急于摆脱孤独的情况下，如果选择了不当的结婚伴侣，就很可能招致灾难性的后果。而即使对方是合适人选，如果婚姻中的一方不具备足够完善的自我来应对婚内压力和调适困扰，也将永远潜伏着失败的危机。因此可以看出，在以上情况中，从事教育性的社会工作、在结婚之前投身于事业，就是正确的选择。

在另一个案例中给一位年轻、富有才华的女孩的建议是同时拥有事业和家庭，但警告说如果没有找到最恰当的伴侣就一定不要结婚。她非常多才多艺：她是技艺娴熟的雕塑家、编织者、陶艺师，在教育、歌唱和艺术体操方面也都具备天赋。作为这样一名天才，她适合成为精神方面的领袖和教育者。“我们发现家庭和事业应该并存——因为除非对方完全的协调一致，并且能够配合她帮助他人，否则将给这一高度进化的个体带来争端和失望，并在内心留下有害的伤痕。”

对这些案例的细致研究明确显示出，提供建议的依据永远都是是否能带来精神上的成长。

这些建议不是从感情或传统观念的角度出发的，不是为了维持所谓家庭的神圣或是女性在其中的地位。它们所依据的观点是，动机和目的是一切行动的评判标准，自私的行为永远比不上无私的，而对家庭和婚姻的职责在其性质上比在某些职业中满足私心的利益追求更有助于培养无私的品德。

因此建议许多女性建立家庭、抚育子女——即使她们还有其他方面的天赋，因为这也许是她们获取所需品德的最好的锻炼，对促使她们追求事业的有意的或是无意的自私心理最好的改善机会。另一方面，其他一些天资聪颖的女性真诚地渴望运用她们的才能为人类服务。对于这类女性来说，家庭、丈夫和子女可能会阻碍才华最全面的发展。因此劝她们晚些结婚，或者如果性情允许的话，同时经营家庭和事业。无论是结婚还是单身，最终目的都是精神上的提升；而无论男性还是女性，都是平等的灵魂，被赋予了同样的机会，可以选择无论哪种最有利于成长的方式。

凯西观点中的个人自主权不仅包括社会权利，也是一种宇宙权利。自古以来对此有过许多激烈的争论。

一些人常犯的一个错误，是以为生命中的一切都是预先安排好了的。这种想法的后果就是心理上的麻痹和精神上的消沉。在很大程度上以宿命论的方式理解过去的印度人所表现出的惰性和被动，就是这种立场危险性的例证。

我们有必要认识到，并不是每打一个喷嚏、每次被蚊虫叮咬、每天的晚餐都是按宇宙规则在许久之前就决定好了的。我们生活中的大多数细节都完全是由自己当前的思想和意志决定的。事实上，我们生命中的每件事，无论是重大事件例如婚姻，或者次要的小事比如买一杯汽水，归根到底都是自己决定的。现在加于我们身上的束缚是我们过去使用自主权时犯下错误的后果。它们仅仅看起来像是外在作用物，这只是因为我们忘记了自己过去的行为；我们的视野范围太过短浅。拥有自由意志的人类可以比作拴在绳子上的狗；狗在绳子的长度范围以内拥有完全的自由，可以做自己想做的任何事。在此范围之内，他就是自由的。

这让我们不由想到，人们搭讪时常说的“我以前在哪儿见过你吧？”也许不只是花言巧语（虽然也有点陈词滥调）的调情开场白，同时也是在提出一种可能的宇宙关联事实。

但是很明显，在婚姻关系中就如在其他所有事务上一样，人类拥有意志自由和选择的权力。同样明确的是，即使在两人之间存在强烈的异性相吸，现世中的结合仍然并不总是可取的或必要的。下面两段简短的问答可以说明这一观点。

问：我该嫁给追求我的这个男孩吗？

答：你与他的结合并不是最好的选择。

问：与 F.S. 先生的婚姻是否对我们的共同进步最有助益？

答：可以使其成为这样的助益，但是我们发现，还有些人选可能带来更好的共同发展。

那些不被推荐的婚姻，可以以几种不同的方式解释。首先，个体有其他课题需要修习，比解决两人的关系问题更为重要。或者，两人中至少有一方在精神上是无偿付能力的，还未做好准备。最后一种可能是，需要完成的精神课程最好由两人分别学习，胜过一起修炼。

咨询过程中，女方问道：“是否还存在着其他的人选，如果我们分别与他们结合，可以一样的快乐，或者更加幸福？”回答是：“婚姻的好坏取决于你自己的努力！如果你现在想要踏入婚姻，就有机会获取相关的体验。考虑到你早晚都必须取得这些经验，不妨现在就开始——如果你想这样做的话……”

在几个案例中，回复是直截了当的，尽管方式各有不同。例如：

问：与我现在的未婚夫结婚是否明智？

答：不明智！

一位男子问道：“R.W. 小姐会是我的合适伴侣吗？”告知：“你必须自己做出选择，而不是我们。除了心理和肉体的需求，你们之间是否存在着精神上的相互吸引？你们的灵魂是否彼此呼应？目标是否协调一致？你们有共同的理想吗？如果没有，就须谨慎！”

一位女士询问，该与四个男子中的哪一位结合。回答是：

“这取决于你为自己确立的理想是什么。如果我们告诉你该防范谁，或者该与谁结合，将置你于不当的位置，也把他们置于不当的位置。

“**你自己**必须做出选择，而选择的目的是为了服务的人生。要记住所有人都拥有意志的自由。”

从这类段落中可以推导出选择终身伴侣的原则。也许可以断言，大部分婚姻的开始是出于不可抗拒的肉体吸引。但选择伴侣的时候不仅在生理上，而且在心智上和精神上都要一样的恰当相配。一桩成功的婚姻必须建立在这三个元素组成的等边三角架上；如果轻忽了任何一个元素，婚姻本身就会失衡。在这三个方面，每个人的理想都必须与其伴侣的理想至少大致相符，否则危机和灾难就会在不远处等候。如果轻率地步入婚姻，忽略这些选择伴侣时的重要考量，就是在招惹麻烦。

因此当一个人开始对某个异性产生情不自禁迷恋的时候，必须保持警惕——如果他有足够的远见，期望肉体的依恋发展为成功的婚姻。

第十四章　何故单身

为什么一些男性和女性终身未婚？尽管他们在外表上都不无魅力，性情也属正常，却似乎从不曾拥有结婚的机会。凯西是否对此做出解释呢？

法国人有个绝妙的警句形容已婚或未婚的状态："婚姻就像是城墙环绕的堡垒，外面的人想进去，里面的人想出来。"这看起来或许玩世不恭，但不乏其真实性。婚姻给无数人带来剧烈的心理痛苦，但还是有人认为已婚状态是令人向往的，这几乎让人吃惊——他们仍然可以忽视婚姻给心境平和造成的诸多威胁，而只看到它带来幸福的希望一面。尽管人所共知，婚姻中存在着非常现实的困境，终身未婚者仍常常觉得被剥夺了宝贵的东西，因此感到挫折和失败。

当然，性别因素在这种情况中是非常重要的。至少在"文明"国家中，终身未婚的困境对于女性来说等同于完全的或是相对的性压抑状态——即使对男性来说不是如此的话。在原始社会中就会不同。但在我们当今的西方社会形态中，单身情形体现出某种失败，甚至令人厌恶，在不婚女性中尤其如此。下文展示的案例主角都是女性，她们的个案也更加值得关注。

"孤单"这个词中含着某种凄凉，某种难以言说的悲愁。就如同"最后一次"也许是恋人吐出的最悲哀的短语，"我很孤独"也可能是一个人流露的最凄惨的自我写照。如果没有精神上的关照，爱恋过后的孤独，或是从未品尝爱情的孤独，就是最枯燥、最令人气馁的人类际遇之一。

下面案例中的女子，生活中的主要问题是一种挥之不去的孤独感。她是纽约城的一名秘书，一位优雅自如、相当富有外在魅力的挪威籍女士。她47岁，当时已结过两次婚，第一任丈夫在婚后不久去世。她再婚了，对方是比她年长许多的男子，婚姻生活非常不快，她很快离了婚。她没有子女，所有其他家庭成员都已不在人世，是名副其实的无依无靠。秘书的职位使她得以和很多人接触，但都是浅层的交往。她希望能再婚，但不知为何一直未等到机会。她独自生活。

她提出的问题表露了内心的孤寂和困惑："为什么我一直都如此孤独？"她写道："有什么具体的原因使我无法在婚姻中求得陪伴？为什么我总是这样处境尴尬？"

这一个案例中一个人只有通过对某种东西的缺失，才能学会珍惜它的价值。

这是一种发人深省的境况。它不但说明天主教会将自杀视为严重罪行而禁止的做法是正确的，还表明了一个事实：每一种行为，每一次对生命礼物的冷漠、忽略、轻视和滥用，我们最终都要为此负责。

下面一个关于孤独的案例展现出同样的基本模式，虽然在细节上有很大不同。这是一位有英国血统的女士，在幼儿园从事教学工作，一直都非常想步入婚姻。她的父母中年得子，她是唯一的孩子，非常小的时候双亲就去世了。她由两位年老的姑母以刻板守旧的方式抚养长大，因此在适应同龄人的时候有很大的困难。她一生都感觉孤单，与其他人隔阂，养成了严重的内向性格。

她一生中曾有过一次恋爱，但完全是出于外表的吸引。随着心灵上的反差变得越来越显著，恋爱关系结束了。从那以后，她觉得自己的生活一直是失败而空洞的。她喜爱自己的工作，并且在职业方面很成功；做事高效、能干、富于才智。但她会阶段性地被情绪低潮吞没，持续好几个星期，然后渐渐好转。在抑郁发作时，她常常考虑自杀。没人能想到她会陷入如此深重的沮丧，因为她是个富有魅力的女子，行为方式积极向上。

她性情中有着明显的自我独立风格，几乎和男性一样生硬、自负，她身上缺乏的某种柔顺品质，对自我主张的不愿放弃，也许就是现在把男人吓跑的原因。

有意思的是，她一直都想要个孩子。如果不是由于年老姑母的阻拦，她很早以前就会收养一个女婴。

现在她应该尽可能地从各方面帮助所有接触到的人。当她询问："为什么过去的五年中完全没有接触异性的机会？"她被告知："那是一个测试阶段，考验的是你该学习的基本目标。"

孤独和难以成婚也可能由其他许多因素导致。例如，下面这个案例展示了完全不同的因素。

我们在研究这一案例的时候会想起奥斯卡·王尔德的名句："世上只有两种悲剧，一种是求之不得，一种是求而得之。"这一古怪而充满矛盾的现象，产生的根本原因是人类低下的判断力——它被印度教称为"无明"，意即愚昧。童话故事中被仙女教母赐予三个愿望的人，常常是愚蠢的愿望，而自己随后必须承担后果。这类故事含有深刻的寓意，点明了两个事实：首先，大多数人并不知道自己生命中真正需要的是什么；其次，很多人类的苦痛都来自自己做出的愚昧选择——无论是出于糟糕的判断力、狭隘的或是物质至上的出发点、自私的错误，还是目光短浅的自我专注。

一位四十岁左右的女性，身材显得又矮又壮，但这大部分是由于缺乏锻炼和不当的体态。她的面部极度缺乏装扮，头发从未被卷烫。她的衣服绝对不女性化，所有的衣着都是根据实用和经济目的选择，而从不以提高外在美为目的。在美容师、形体训练师、服装顾问的帮助下，她可以变为美丽而成熟的女性；她的五官规则而美好，并且通过宗教信仰培养出了热情迷人的举止。

她只受过八年级教育[1]，主要通过工厂、手工劳作和操作机械谋生。在一次价值观心理测试中（即以斯普朗格的价值观类型为基础编制的奥尔波特—弗农价值观研究量表），她在宗教和社会类型中得分最高。这属于意料之中，因为她人生的主要兴趣就是阅读宗教书籍和参与社会服务，但她本人过着孤寂的独身生活。家庭成员中没有一人和她有相同的宗教观念，生命中也鲜有任何浪漫史。

按照心理学家的观点，这位女士体现出十分明确的“男性钦羡”特征，或者说是拒绝接受女性角色的心态。这种心理明显地体现在她的女权主义观点和非女性化的作风上。在她几乎清教徒般地拒绝一切自我修饰、不做任何吸引异性的努力这点上也表现得很突出。这种态度的心理学机理很值得研究，正统心理学为其做出了专门的解释，但他们的解释却显得并不完善。我们不由得问，为什么她从出生起，身体和心理上的“遗传”和“环境”就“预先安排”她具有男性钦羡倾向？

我们看到的是她曾经做出决定，针对人类同胞和自己与他们的关系立

[1] 八年级教育：在美国相当于国内的初二。

誓。她带着执拗，决定再也不让自己与他人发生感情，尤其是对异性。这不是为了精神追求或者出于关爱的自我克制，而是出于自私的愿望，不想在付出情感之后被羞辱。她没有找到原因改变自己的态度。因此，现在她就必须坚守自己所作决定的逻辑上和心理上的后果，一切随之越来越荒谬，直到她能改变自己的决定和意志。

至少她现在正朝着向其他人表达感情和兴趣的方向努力。通过对爱的缺乏，她学到了爱的价值；通过体会孤独，她看到了自己的罪过，对爱的排斥令她自食苦果。

下一案例的女主角曾被强烈怀疑为同性恋。

这位女士生于英国，但年幼时就来到美国。她在外表和作风上都极端男性化。声音低沉，如同男性。穿着剪裁讲究的类似于男子的装束，使用男性化的手势和姿态，头发理得极短。她的朋友们根据这些特点，普遍怀疑她是同性恋，加上她多年以来与另一位女性同居，对方在外表和作风上都极其女性化。她俩是形影不离的伙伴，行为方式上体现了同性恋关系的各种特征。

这个故事的主角对此的反应是女性中少见的活力和指挥才干。显然她经历过许多困厄，关注着其他类似处境女性的困苦，奋起而行动，为了相互支援的目的把这些女子集合起来，形成某种公社式的组织。“并且，从那时起对男性失去信心，尤其是那些对未征服领域抱有行动热心的人。”

现在的她是居于女性身体中的男子般的灵魂——而这身体本身也几乎像是男性的。如果她实际上的确是同性恋（关于这一点没有确切的信息），这一案例就加倍值得探究。但即使她不是，这种状况也在心理学意义上具有某种高度价值，因为它让我们认识到极其重要的极性法则[1]。

心理学家荣格曾作过详尽论述，指出每个人同时拥有男性和女性性格，其中之一在个体心理中占主导地位。在生理上，人的身体除了具有自己性别的性器官外，也带有异性的未发育性器官；同样的，人类的心智中也潜伏着未发展的更适于异性的特质，它们被控制在暂时搁置的状态。这一心理事实是荣格通过长年累月的临床观察得出的。

当灵魂卷入物质时，是通过与极性律法相关的多种方式进行的。起初他们雌雄同体，每个个体之中同时包含着两种性别。后来分化为具有不同性别的两种个体。当前的两性区分仅仅是我们进化过程中的一个阶段，很可能正向着精神层面上的雌雄同体发展。

两极中的每一极，雄性和雌性，都具有各自的典型特质。至少在我们这个文明时代，典型的男性和女性特点可以用以下方式鉴别：男性——力量、进取、积极、支配、严酷，女性——柔顺、被动、温和、仁善。

现在假设一个灵魂，发展出了其中一套性别特征，程度如此之高，以至于有变成一面倒的危险。这是一种非常实际的危机，对他自己和外部世界来说都是如此。一个绝佳的例子就是纳粹的哲学和行为。纳粹的超人理想，与其说是“超人”，不如说是“超级男性”。它颂扬男性极点的力量、权力、攻击性、统治、严酷和利己主义特性。这些特性有它们的用武之地和必要性，但如果脱离女性的爱和自我牺牲特质的调和，它们就变成了残忍、纵欲和自我迷狂，其恶名昭著的可怕证据已为世所共睹。

---

[1] 这一概念是由作者引入此处，用以阐释并切合于古希腊赫尔墨斯智慧的教导和原则。

男性性别本身是不完满的，对它的过分强调将导致邪恶，因此以女性极点的品质完善它就是非常必要的。婚姻和两个对立面的结合能够提供一定程度的这类互补。这种结合中的每一方都在对方影响下有所改善和调节，但这种矫正仍是不完善的。体现为心理学领域的必要新方向：只有通过反复，才可能达到心智的完美。

单身状态和他任何人类处境一样，是耕耘内在和转变自我的机会。就如伏尔泰《老实人》一书主角在经历各种奇遇后说的，“我们应当耕种自己的园地”，陷身于孤独的荒芜牢狱的男男女女们都可以将这种智慧运用于自身。

一个人要获得伴侣，自己就必须值得陪伴。要拥有朋友，就必须友善；要获得爱，就必须付出爱。通过对自身的耕耘，会使人有资格获取自己渴望的东西，孤独的人就能更快地实现爱的快乐结局。

第十五章　婚姻中的困境

一旦选择了配偶，双方就开始了必然的心理互动。凯西有关婚姻案例的透彻分析，揭示了婚姻选择与过去和未来之间的重要关系。下面我们采用一个生动的类比来进一步说明。

通过步入婚姻的决定，男方和女方不知不觉地同意与某个特定演员联合走上舞台。一套特别安排的布景为他们打开今生上演的剧情。

今生这部新戏的两位主角每时每刻都有权改变情节的进展。舞台布置好了，但是剧本还未写出。这就像是著名的意大利即兴喜剧，剧团事先就背景和粗略提纲达成一致，演员们随着演出的进度即席说出台词，制造和解决冲突。这部新戏的演员任何时候都可以随意改变自由流动的剧情走向。

或者，如果不采用戏剧的类比，也可以说每个人在选择配偶的时候，就如在其他任何方面一样，都拥有意志的自由和选择的自由，但是一旦做出决定之后，就好比乘上了一辆公共汽车，确定了某一条路线和某个大致方向，就会与乘坐另一辆公车的方向和路线不同。此外，公车内部的环境可能不完全投合一个人的喜好。也许司机粗鲁而令人不快，车厢内空气沉闷，窗户紧闭，邻座的乘客喋喋不休。也许是各种无法预料的原因，让一个人在决定坐上海兰帕克路而不是德克斯特路公车的时候没有好好权衡。但他在乘车过程中采取的态度和总体行为都是由自己决定的；而无论环境如何，一个人最终都要为自己的态度和行为负责。

*　　*　　*

下面要讲述的奇特案例，其描绘的命运波澜比复仇女神更加无情，比希腊悲剧还要不公。案主在结婚时是位容貌出众的23岁女子。她有着迷人的棕色双眼，柔美的栗色长发在面庞周围形成蓬松的波浪，再加上曼妙的身材，看起来如同电影明星。即使在41岁仍具有动人心魄的美，在饭店进餐时频频引人回首。她那些时髦而富有的朋友一定会对她生活的内幕感到好奇。

她嫁给了一位功成名就的商人，从那以后的18年里度过了极度艰难、压抑情感的岁月。她的丈夫在房事方面完全无能。也许对那些觉得性爱没有必要也感受不到其乐趣的女性来说，这种境况并不显得悲惨。但对于像她这样性感、柔情的女子就实属悲剧。申请婚姻无效或是离婚也许可以一劳永逸地结束这种困境，但她无法让自己迈出任何一步。她爱她的丈夫，不忍心伤害他。

在最初的几年里，有段时间她出于绝望与不同的男性私通——并不是蓄意对丈夫不忠，而是出于纯粹的肉体和情感渴求。但是，她渐渐连这样的冲动也克制了，很大程度上是通过修习神智学和进行冥想。生活在这种奇怪的方式下持续了18年，直到最近发生的危机。一个从前的求婚者重返她的生活。“从我们再次相遇的时刻起，”她在给凯西的信中写道，“他心中的爱欲之火就再度燃起，猛烈如初，而我也做出了回应。我正努力抛开彼此，但发现自己的健康状况正在恶化，就如修习功课之前的情形……如果不是因为他已婚，我会毫不犹豫地与他私会。也许你能明白，出于多种原因我不会离开我的丈夫，而且他也培养出了格外美好的人格。

“也许我对这个男人的欲求不是爱情，而是源于自己婚姻生活的特殊情况，但他也是个好人。他从孩童时代起就爱着我，而我并不知晓（是他母亲告诉我的）。他一直没有向我表白，直到做好养家的准备。但那时已经太晚了，因为我刚回到家乡，宣布与丈夫订婚的消息。一切自始至终都很离奇，让我觉得是过去在捉弄我们三个的人生。

“我确曾每隔一段时间与他亲密会面，原因之一是他精神几近崩溃。另一方面，我以为这可以化解他的爱欲——通过某种潜意识上的梳理……我中断了这类相聚，因为不想背叛他的妻子。我认识她，喜爱她，不想扰乱她的生活。社会不会支持这类会面，如果她得知的话，也会认为这是不当的。我不想伤害任何人。我认为他并不是不喜欢她，尽管她通过取笑他、连天累月地唠叨他，以获取自己想要的任何东西。她会毫不在乎地在人前奚落他，但她也有自己的优点。她不能生育孩子……我丈夫知道我向你寻求身体治疗，但他不了解这些内情。”

她的来信处处流露着对他人的体谅。她本可以与重返身旁的恋人私通，这私情可以轻而易举地瞒过丈夫，但她却不能忍受伤害对方的妻子——那位妻子可能比她的丈夫更易察觉此事。她克制了自己。为了身体和情绪健康，她急需某种性的释放，但她爱着自己的丈夫，并没有和他离婚。她为了心目中的爱情和忠诚牺牲了自己的美貌、青春和身体欲求。

她是在“遭遇自我”，“主说，申冤在我。我必报应。”“绊倒人的事是免不了的，但那绊倒人的有祸了。”这些《圣经》语句表达了一个事实：我们可以信任对一切冒犯者的惩戒，但人类自己必不能出于报复而亲手裁决他人，也不该誓言报复。（但这并不是说社会无权保障秩序，打击犯罪。给违反人类宪法的罪犯治罪是经过慎重考虑的社会行为，是为保护绝大多数人的最大利益而采取的。它依循着公众协定的律法，而不是出于复仇的感情冲动。至少在理论上，社会对法律的执行是不受个人感情影响的，是对正义的实现，是宇宙范畴中律法的执行在社会范畴内的缩影。）

* * *

根据妻子的描述，丈夫非常有耐心、善解人意、温和。但在结婚近八年之后，已经是 32 岁的妻子仍然对性爱异常恐惧。可以想见，这导致了一种非常困难的局面，而使一切进一步复杂化的是，妻子对一位男性友人——一位意大利歌剧明星的近乎崇拜的倾慕。

在另一案例中，恐惧的元素再次出现，从个人苦难的出发点来说，这一案例的悲惨程度几乎令人不忍卒读；而从精神分析的角度，它却为研究、遗传和环境之间的相互关系提供了绝佳的材料。女案主于 1926 年写道：

“我几乎要精神错乱，打算自杀了——来自世界上最可悲的女人、一个愚蠢的求助者。我的母亲有过生育六个孩子的生不如死的经历，并且在我的整个一生里跟我讲了无数关于怀孕的事，以至于到 18 年前我结婚的时候，对生育极度害怕。这使我与可亲可爱的丈夫分居，因为我无法忍受他在眼前或是靠近我。我曾经祈祷过，也求助于心理学、精神医疗、基督科学教派、基督教合一派，但全都无济于事。你认为我还有任何希望吗？我想要孩子，爱着自己的丈夫，但是惧怕性爱，现在的情况恶化到了极点。就像前面提过的，我本来计划这个礼拜自杀，但听说了你的治疗方式。”

解读为她的不幸找出原因。她母亲不断重述着孕事的恐怖，其作用只不过是加强了女儿潜意识中已经存在的恐惧。

我们知道，只有通过对物质保障的丧失，人们才会转向精神探求。

她还需学习一门关键的课程，简而言之：爱既完全，就把惧怕除去。[1]她需要走出自私和物化的生命认知；她需要学习伟大的爱——对她的配偶、对也许将她选为母亲的未降生灵魂的爱，对自己体内蕴藏的神圣孕育本能的无边的爱和崇敬，让凡俗的恐惧无隙可寻。

遗憾的是，现代心理学很少认同爱的力量。爱，对于大部分精神分析学家来说，顶多只是性欲的表达；自从约翰·华生[2]的跌落和抚摸婴儿的绝顶实验以来，心理学家认可了爱是三种基本人类情绪之一。但是爱作为宇宙中的正面力量，作为“神圣源头”的基本要素（因此也是宇宙中所有组成部分包括我们自己的基本特质），作为所有人类病痛的根本化解之道，还未得到公认。也许这是因为心理学家对这个字眼的有意回避。我们可以理解他们的

[1] 《圣经·约翰》4：18。

[2] 约翰·华生（John Broadus Watson，1878—1958），美国心理学家，行为主义心理学的创始人，广告大师。他认为心理学研究的对象不是意识而是行为，心理学的研究方法必须抛弃”内省法”，而代之以自然科学常用的实验法和观察法。华生认为，人有三种原始的或基本的情绪，即恐惧、愤怒和爱。

保留态度（如果这是出于保留态度的话），因为假如“爱”遭到和“服务”一词一样被滥用而污染的命运，它也将很快招致同样的言外之意——商业的伪善和虚假的崇高。

在性调适和精神分析疗法方面值得关注的另一案例是一对夫妻，双方是共同工作的职业人士。他们接受精神分析治疗已近两年。丈夫具有显著的内向性格，妻子发作过三次精神失常，最后一次被认为不太可能康复。取得解读时妻子 51 岁，丈夫 54 岁。他们唯一的孩子在婴儿期就夭折了。

两人婚姻中的不谐十分严重。两人的精神分析师曾怀疑丈夫的神经衰弱症是由恋母情结引起。

问：从精神分析的角度出发，该灵体的情绪年龄是多大？

答：大约两个月。

问：该灵体心理上是否存在恋母情结？

答：请阅读已经给出的解答。你是在局限于寻找物质层面的成因。

问：为什么该灵体不能在婚姻中获得幸福？

答：**他只想满足自己一个人。**

因此，最根本的问题是自私。事实上，所有婚姻不调的悲剧中，自私都显然是直接或间接的问题根源。这一事实发人深省，意义重大。诚然，“自私”一词对现代人来说也许显得过于幼稚，也许先得为“自私”创造一个新的术语，例如“宙斯情节”或是“SSQ（自我满足论）”之类，它才有机会获得科学认可、实验证明的恶习标签。

但是，使用如此简单而又通俗易懂的词汇多少让人耳目一新（也许是因为它特别的普遍适用）。“自私是一种基本罪恶”是凯西解读中贯穿始终反复重申的。这一简洁的评语使我们得以穿越堆积如山的心理学术语和细枝末节，直指层次分明的人类价值观，而明确无疑的疗愈原理也就此浮出水面。

“爱不是占有！”某次解读以警句的形式疾呼，“爱是存在。”

婚姻通常以将爱视为占有的错觉开始。它的变迁和苦痛只是为了让我们学习爱的真谛——存在。

第十六章　背叛与分离

在所有实行一夫一妻制的国家中，不忠是婚姻中普遍存在的问题。也许外遇频繁发生的基本原因是生理上的，可以借匿名作者的几句打油诗恰切描述：

你向东，我向西
男人爱多妻；
你不顾，我专注
女子守一夫

当然，除了生理因素外，婚内不忠也归因于心理和社会因素。凯西解读提供了突出案例，体现出外遇的基本决定因素。

在第一个案例中，女方是两个孩子的母亲，丈夫与另一位女性的婚外情已持续八年之久，而妻子在最近两年内才察觉。她在取得解读时问道，为什么自己要承受这样的苦恼，解读回答："这是因为你自己过去的不忠。"

如果需要通过婚姻困境学习某些心灵课程，就没有必要从中逃开，因为个体迟早都得获取面对它的精神力量。

但这绝不是说解读坚决禁止离婚——在许多案例中它是绝对支持分离

的。判断离婚决定的对错与否，其标准似乎取决于两个因素：对孩子的职责和对彼此的义务。在明确建议离婚的案例中，都无一例外的是双方没有孩子，或者孩子可以从离婚中受益的；还有那些已经通过不幸婚姻完成了过去的课程，或者夫妻一方状态极度不妥，将对方也拉下深渊的。

其中典型的一例是一位新泽西州的女士，49岁，没有子女，婚姻生活非常不谐。解读告诉她，应当培养自己作为教师的杰出才能，并离开丈夫。原文如下：

> “是的，这是地球上灵体的自然生活方式。但是当双方的关系阻碍了灵体降生的目的，并且这一点愈演愈烈而无望改善时，则最好是分离。
>
> “你要铭记于心，今生必须为实现自己此次降生的目标而奋斗。你起步也许晚了些，但仍然可以在指导年轻女孩方面取得很多成就……”

在与之形成对照的一个案例中，妻子比丈夫年长20岁。两人之间存在着非常严重的不和；丈夫酗酒，对她和儿子都言行粗暴。解读并不赞成离婚：

> “你们之间产生了失望和争端。不要退缩，而是让自己采取爱的超然态度。不要介怀于轻辱谩待；要知道，你播种了什么，就会收获什么；这在你对他、他对你的关系中都适用。在任何情况下，都要以你所希望他对待你的方式来对待他。”

在上述案例中，妻子很可能还有需要学习的因果教诲，或是该履行责任。

脱离婚姻纽带的正当时机无疑是难以判断的。支持天主教婚姻永久性的一个有力观点是，它把迷途的人类绑定在一个固定的轨道上，否则他们就会毫不费力地找出借口逃脱。

尽管凯西解读对离婚的建议非常频繁，完全没有显示出对绝对禁止离婚观点的赞同，但是它们对自我评价的标准设立得如此之高，其逻辑基础又是如此无懈可击，最终效果无疑将是降低而非提高离婚率。

婚姻作为一种习俗，没有很多人想的那么神圣。如果社会要把婚姻定为不可拆分的，那是不错；如果反之，也没什么不好。哪一种体系都不会妨碍宇宙律法的运行。人类自己设置的外在形式几乎与他们为拉米牌戏[1]订的规则一样随意和次要。归根到底，对任何游戏来说，设置什么样的规则都无关紧要，因为透过一切游戏的形式和法则，参与过程中的技巧和诚实才是它们的本质价值所在。

从另一方面来说，婚姻也比很多人以为的*更加*重要。这一年复一年都被数以千计的人们轻忽漠视的职责，并不仅仅是毫无意义的社会传统；它对人类共同的属性具有切实的约束力，而我们每个人都是人类总体中一个鲜活的细胞。平衡的宇宙律法是恒常运作的，无论我们呈现出何种类型的自私，都没有比婚姻更能化解它们的熔炉了。因此我们必须学会带着牺牲精神去接受它的挑战和挫折，要明白既然我们的小我在经受考验，大我可能就此诞生。

要知道，我们的婚姻伴侣是通过古老的牵引纽带来到我们的身边；要记得左右着我们的不是巧合，而是超灵的意味深长的引导，使我们置身于即使

[1] 拉米牌戏：流行于美国的一种纸牌游戏，无正式规则。

是最艰难的处境；如果明了不和谐的关系是通过无私努力获取提升的机会，我们就会把离婚看成几乎是一种良机的错失。相反地，当我们认识到没有哪种外在习俗该将人类束缚于不健康、有毒害、扭曲的关系中，而无私的爱也不该抛向那些死不悔改的自私卑鄙之徒，我们就可以把离婚看作是和解除其他任何合法契约一样的合理、明智、得体的手续。

至此，我们再度回归适度、平衡的中庸之道。这不仅是个体在自我完善之旅中应当寻求的美德，也是社会在努力创造让每一个体均能在其中展现自我的制度形式时需要达到的状态。

第十七章　亲子关系

长久以来，家庭都或多或少地以统治格局存在，由父亲领导，或者在一些文明社会中由母亲主持。这种统治形式一直延续到了今天，在所有家庭模式中占据了大多数。从唯物观点来说，的确，子女可以被视作属于父母所有。他们通过母亲的奉献和分娩降生，依赖父亲的辛苦工作和付出供养。父母在物质角度上比子女更强壮、更成熟、更具威势，因此他们拥有支配权。

但是在精神实质上，家长对于子女并不具备绝对的优势。所有的生命都是庞大灵魂社区的平等成员。从精神上来说，孩子并不属于父母，甚至也不是由他们创造的。父母只不过将他们唤至人间。在发生于父亲和母亲体内的神秘过程中，双方在片刻之间联为一体，另一个同样神奇的过程就此开始：一个新的身体的孕育和诞生。

这具身体成为与我们平等的另一个灵体的居所。他暂时无法言语，没有自助能力。我们感到的责任和付出的关怀都是有益的经历，它们有助于我们学习牺牲和爱，让我们体会最深沉的温柔和依恋。这就是亲子之间该有的状态，而不应发展成以诸多形式表达的占有欲和控制欲。

哈利里·纪伯伦[1]在《先知》一篇中对此作了贴切的描述：

---

[1]　哈利里·纪伯伦：(Kahlil Gibran，1883—1931）黎巴嫩诗人、作家、画家。被称为“艺术天才”、“黎巴嫩文坛骄子”，是阿拉伯现代小说、艺术和散文的主要奠基人，20世纪阿拉伯新文学道路的开拓者之一。

孩子并不是你的孩子。他们是生命热切延展自身的儿女。

他们借你而来，却不是由你而来。尽管与你同行，却不归属于你。

你是弓，孩子是射出的生命箭矢。

欣然在射者手中弯曲吧；

因为他既爱飞驰的箭，也爱稳健的弓。

父母不应以居高临下的压制或是仰羡驯顺的卑下来对待孩子；平衡的超然之爱才是对待自己照管下的生灵的唯一正确的态度，而对这种爱的实现必须建立在对首要精神真理的认同基础上，即所有人类、一切灵魂，都是被平等创造出来的。父母是生命流经的“渠道”，灵魂借此取得下世的机会。因此人们在步入婚姻时应带着神圣的使命感。此处的立场带有鲜明的性的意味；也就是说，与印度教观点相一致，认为性本身是神圣而庄严的。

遗憾的是，保守的基督神学认为性的本质是罪恶的，为之套上了心理的枷锁。由于对《创世纪》中象征性写法的可悲误解，所有人类都被当作是亚当和夏娃的“原罪”后代。尽管婚礼仪式使性关系合法化，孩子仍被认为是在罪孽中受孕的。对造物主赋予的人体自然功能的如此扭曲的观点，在心理上造成的影响是非常深广的，它使人对性产生了压抑和负罪感，以及深植心底的最严重、最失衡的冲突。应该取而代之的选择并不是滥情或者不加节制地满足性欲，而是对“性的创造威力是一种神圣特权”这一真理的透彻领悟。“发自纯洁身体，施予纯洁身体的爱是灵体在尘世之旅中最神圣的体验”。

在女性求助者询问生育机会的案例中也体现得非常鲜明。这类生育咨询通常是在身体解读中提出，问者想知道为怀孕和生产要做哪些准备。解读提供的身体方面的医疗建议带有大量的细节。档案中没有出现任何不同寻常的疗方，除了在整个孕期给予正骨调节，以保证身体更加柔软之外。关于食谱、锻炼、人身护理的建议与任何有经验的医生开出的疗方具有同样的基本性质，但是凯西的洞察有其独特的优势，可以看到每人身体的特殊需求。

此外，解读特别强调，心智和精神上的准备至少是和身体准备一样重要：

“需要意识到，对心理和精神的准备具有创造的性质，与纯粹的生理准备至少是一样必要——就算不是更重要的话。”

在为一位36岁女性做出的解读中，她询问自己是否还能期望生育，凯西说：

“人们往往过于倾向将怀孕看作纯粹的身体变化。

“想想哈拿是如何为怀孕做准备的，还有圣玛丽。有无数史册记载的事例，还有很多名不见经传者，都为孕育子女作了长久充足的准备。”[1]

另一次解读说：

“造物主赋予人类这样的机会，让他们可以通过交合创造一个渠道，通过这一渠道，他让人们有机会见证他的手段。那么，在你和配偶孕育这一机会时，要留心自己的态度。”

---

[1] 哈拿是《圣经》中先知撒母耳的母亲。

还有一点也变得明朗：任何一种父母—子女的关系都不能被视作巧合。家庭状况为投生灵体的心理需求提供了相符的环境机会。一些孩子和双亲中的一方有牵引，而与另一方没有。在这类案例中存在着一种显著的倾向，即孩子和首次开始缘分的家长之间的冷淡关系。下文列举的典型案例展示出各种可能的双亲与子女的关系。

这些案例显示，在父母吸引什么样的子女这点上，存在着各种发挥作用的法则。但是，就如一台出色的牵线木偶剧中人偶身上的细绳，这些法则在很大程度上隐藏在我们视线之外；凯西资料固然非常具有启发性，但无法提供足够的细节，形成一套真正系统化的律法准则。

的确，“同性相吸”这一说法有其准确性，但似乎同样有效的是，由于各种原因，相反的性格也常常被吸引到一起。在一个体现性情差异的突出案例中，取得解读的是个五岁大的孩子，被描述为自私、不愿承认错误、冷漠。他的性格在没有人情味、追求纯粹的脑力发展方面，基本上体现了科研人员的性格。

今天的他是一位成功的电机工程师，性格特征基本上正是具有这样背景的人通常会有的，但似乎也通过家庭环境获得了一些矫正。

如果是同性相吸的话，他该出生在科学氛围中——也许父亲是位工程师，母亲当过数学教师。但事实相反，他的家庭成员都是缺乏务实精神的理想主义者。父亲的价值观类型是明显的社会或宗教型，而母亲尽管内向，也被热心的丈夫带动，参与公益服务。哥哥也是理想主义者，人生中最关注的事情是帮助他人。

男孩不断与家人接触，他们的人生首要目标都是帮助他人。他的务实性格常影响其他家庭成员，使他们更加脚踏实地；另一方面，家人的精神面貌也成为对他的一种日常提醒，让他知道还有其他的价值观存在。尽管这次人生经历没有彻底改变他的基本追求——纯粹的科学，但对他的性格产生了一些影响，使他不再那么自私，而且更善于交际。

一些证据表明，进化程度较低的灵体，选择的范围也较小；但总体来说，对双亲的选择似乎是灵魂的特权。至于为什么有些灵体会故意选择贫困的环境、堕落的父母、残疾的肉身或者任何其他不良环境，这点的确不易理解。从表面上看，这类选择在心理上是不近情理的；但更深入的分析，则显示并不存在真正的矛盾。

这类情形就好比，一个人忽然意识到自己变得过于肥胖。医疗保险公司开始限制他的就医覆盖范围，或者异性拒绝了他的追求，又或者再难找到合身的衣服，让他突然意识到了自己的身材问题。因此他决定减肥，选择了合适的减肥中心，打电话预约，登记，加入减肥疗程。六个月后，他腰围缩小，心脏活动更加健康，实现了自己的目标。

有时候幼小婴儿的死亡也许可以解释为其父母有体验悲痛经历的必要：孩子只存活了很短的时间，以这种自我牺牲精神，帮父母经历灵魂成长所需的有疗愈作用的痛楚。19 世纪的一部无名小说曾将这类牺牲作为主题。故事中，女孩的父亲是个拜金、傲慢的人，为自己的财富和孩子的美丽外表而骄傲。女儿深爱着父亲，但是无法净化他的价值观。她在事故中死去，不久就回到同一对父母怀中，投生为残疾婴儿。她出于对父亲的爱，有意以这样的肉体和命运出生，希望使他产生能够升华心灵的苦痛。这固然只是纯粹的虚构，但它指出了一种可能发生的情况：当一个灵体出于爱，希望为两个需要体会悲伤从而成长的人提供教育性服务时，可能会发生的状况。

另一个有趣的在凯西解读中多次直截肯定而非仅仅暗示的观点，是受孕的时刻与投胎的时刻并不一致。解读常常劝告待产的母亲，在孕期注意自己的思想活动。下文的摘录阐明了这种观点：

> “问：在接下来的几个月中我该保持什么样的精神状态？
>
> 答：如果你想要个具有音乐和艺术气质的孩子，就多想想音乐，美，艺术。如果你希望孩子是纯技术型的，那就多思考机械运作，多摆弄这类事物。不要以为这些行为无关紧要！每个母亲都该知道，在孕期保持什么样的心态与选择进入自身渠道的个体个性有着莫大的关联。”

肉体被神智学者称为灵魂的“交通工具”。借助这一名词作个类比：即使驾驶员还没有坐进车里，一辆汽车的地盘也可先安装好，点了火，发动机开始运行。同样完全合理的是，一具身体可以在各部位发育完善，有机生命过程已经开始，而驱动它的居住者还未现身。

在这方面和其他许多解读观点上作进一步的探究是非常有必要的。如果能拥有这类研究成果，再加上凯西资料在童年、子女—父母关系、生育过程上的各种启示，我们无疑将得到全新的优生学、儿童心理学、人种改良科学。生命的诞生远远不像看起来的那样偶然，童年经历也绝不仅是一段插曲。在这里以及无数其他领域，凯西解读都是振奋人心的，因为它们指出了全新的探索视野。

第十八章　家庭中的牵缠

降临到男男女女生命中的无数种悲苦之一，是将一个残疾的孩子带到人世。在物质上，这意味着额外的照料和花费；在社会上，它构成了难以启齿的耻辱；在精神上，使人愤而质疑造物主对待人类的方式，使父母对孩子的幸福感到深切的焦虑。

一位 12 岁的犹太女孩从幼年起就患有癫痫症，这种病痛不但在发作时异常难堪，而且也造成了根深蒂固的对个性的扼杀。

一家人的遭遇使人想起这样一句话：如果上帝之磨转得很慢，则也磨得极细[1]。

第二个有意思的案例是一位先天目盲的纽约女孩。从照片上看，她是个面容姣好的孩子。她有一些光感，但无法分辨事物的形状。

第三个值得研究的案例是关于先天性白痴症。这例解读中提供的细节也较少。

还有一个案例中的早产儿出生时患有罕见的脑积水。母亲在生产后几天内就去世了，年轻的鳏夫父亲将孩子送去了天主教收容所。

---

[1]　出自美国诗人朗费罗的警句诗《报应》，它的寓意是：恶有恶报，善有善报，不是不报，时候未到。

我们可以由这个案例得出推论：对他人苦难的冷漠会致使这类厄运降临到我们自己的屋檐之下。一个人也许不会无情到对他人主动施暴的地步，但他可能像那些被但丁发配到“灵泊”域中的灵魂一样，既未主动作恶也未主动行善。对别人苦痛的漠视也许不足以被定为主动犯罪，而受到自身残疾的惩罚。但他必须通过某种方式学会体贴，学会关心尘世中的病苦之人，简而言之，他必须培养同情心。

按照弗洛伊德学派的观点，两姐妹之间的敌对状态很可能被解释为源自婴儿期争夺父亲的嫉妒心理。而凯西的解读则显示，事实上在两姐妹之一的心灵深处的确存在和性有关的嫉妒烙印。另一个涉及手足之间过去纽带的案例是关于两个英国出生的孩子，在二战期间由一位美国女士照顾，她当时在新英格兰地区的一个州中管理着自己的进步主义教育[1]学校。在收养的时候，男孩十岁，女孩五岁。他们的监护人对儿童心理学十分熟悉，不但具有这方面的学术素养，而且通过终身从事儿童教育工作而富于实践经验。她开始为兄妹之间的显著敌意担忧。哥哥无疑是主要的挑衅者。“他极其聪明，”她在一封来信中写道，“但又如此可悲，狗急跳墙般无所不用其极。”她同时为两个孩子申请了生命解读。

在根本现实中，我们不是任何独立小家的成员，而是共同属于一个更高级的人类大家庭。我们应该学会在生活中时刻铭记这一点。

[1] 进步主义教育：20世纪上半期盛行于美国的一种教育哲学思潮，对当时的美国学校教育产生相当大的影响。起源自反对传统教育的形式主义。

第十九章　职业才能的根源

不朽：灵魂在未来之中无尽存在的状态。

——《芬克&瓦格诺新标准大百科全书》

在基督教神学中，不朽通常被认为是仅向一个方向延伸——未来。物理学的四维理论提出了时间恒常、无始无终的新概念，使前述观点显得不够完善。即使将科学考量放在一边，而仅从宗教信仰的角度思索，灵魂在本质上也必将是无关时间的，如果它能向将来无限延伸，那么也必曾在过去无尽存在。我们用“出生”、“生命”、“死亡”这类名词定义的生理事件就必定仅仅是表象，是永恒的非物质灵魂的一种投射。

尽管这种观点被现代基督教神学大部分否定，却曾被早期的诺斯替基督教派认同。许多现代诗人都表达过这种思想，其中最频繁引用的也许就属华兹华斯的《永生颂》了。华兹华斯认为，我们的出生只不过是一种沉睡和遗忘，这在古老智慧看来是完全有理有据的。他深信随我们诞生的灵魂在别处有其居所，来自遥远的国度。这些诗句被成百上千的灵魂先存信仰者们恰如其分地引用。在终极意义上，这当然是真理——灵魂最初来自神圣之源，因此带有其原初的纯净和光彩（尽管常被遗忘）；在超灵的超感觉领域，也许的确存在着神性的光辉和完美。但体现在每个人的实际心理层面上，则应该是一种更平凡、更朴素，也更鼓舞人心的观点：我们与其说是拖曳着光耀之云，不若看作承载着实质性的货品，它们是我们累积的才赋和局限、潜能与不足、强项和弱势。

它就成为决定职业生涯的重要因素。

典型案例之一是一位时髦的纽约城职业美容师。她开了一家豪华美容院，主营身材调理、发式造型、性情培养，她本人非常优雅且富有魅力。

许多对就业咨询、个性发展和通过修习艺术或宗教达到人格整合有兴趣的人，都曾在圣美神庙中做过教师或者学生。这类智慧学校与鲍里斯·伯格斯洛夫斯基（Boris Bogoslovsky）在关于教育的杰出著作《理想学校》（*The Ideal School*）一书中的绝卓理念在很多方面存在着非常惊人的相似之处。

奉献神庙则更类似于医院，使用电子技术（显然是从亚特兰蒂斯人处学来）实施外科手术，利用电流频率治疗多种疾病、减轻身体残疾。身体完美和人种优化理想是这里的指导原则，“神庙”一词再次体现了它的精神定位。

在古埃及圣美神庙教授学问的男女祭司通过能力或者与当代心理学类似的分析手段，权衡每个学生的问题和天赋，为其规划最适宜的毕生事业。学生在此基础上选择的职业决定了他将接受的培训课程。（这些课程包括：着重于健美、医疗和再生方面的饮食学，体育、服饰艺术和科学、教学、疗愈学、神职、音乐、艺术、演讲术、工艺美术，以及包含对音乐和气味运用的冥想术。）

在最终选择了适当的专门培训后，学生们就会收到一方“生命之印”，由经过特殊训练之人制作。它是一幅象征性的图案，表现出该学生的以往发展轨迹，提醒他记住自己降生的目的。对这些印章的凝视会唤醒、引导埋藏在每个学生自我最深处的潜在才能；它也用于唤起他对自己和宇宙原创力量之间相互关联的领悟。

还有许多其他的个案也都使我们得出这样一种结论：在职业追求上转换新方向绝不能说是对成功不利的，前提是积累了浓厚的兴趣，并发展了相应的能力。举例来说，一位31岁的男子，尽管已经成家，却决定开始从头学医。由于通信中未曾说明的原因，他年轻时并未钻研医学，尽管他的父亲是名医生，他本应有这样做的机会和动力。

总结起来，对职业才能起源的分析显示这种才能有其基础。

第二十章　职业选择的哲学

最初是什么使一个灵魂向着一种职业方向发展，而其他的灵魂去往各自不同的征程？如果创始于神圣之源的人类灵魂都是别无二致的，那为什么一个向着农业的方面发展，第二个致力于贸易，第三个热衷织物，第四个修习音乐，第五个钻研数学？是否在每个人身上存在着某种细微的个性元素，造成他们选择不同类型的人类活动？如果真是这样的话，是什么决定着这类特性？是什么在后来导致一个灵魂转换职业？对它们的分析显示，这种转变产生于渴求。

好几个前述案例都体现出渴求是强大的牵引力道。显然，灵体可以通过与他人的接触，对对方表现出的自己所不具有的才能或品质产生渴望。根据解读的讲述，许多见证了耶稣在传道中教导、救助病苦众生的人，都受其感染而激发了做同样事情的愿望。渴求产生后，它的力量持续，促使个体不断努力获取教育或疗愈的才能。还有一些情况，这种愿望的形成并不主要通过榜样的力量，而是个体发现某种境况所要求的才能自己却不具有，产生了无力、烦闷的感觉，成为希求这种能力的起因。无论是怎样引起的，渴求都是决定灵魂命运的重要因素。它逐渐收集动力，具备越来越明确的形式和方向，最终通过适宜的环境，着手完善自我。

也许就如内向和外向性格的转变一样，彻底完成从对一种职业的精通到在另一领域取得成功的转换。如果这种推论是正确的话，对于在职业上觉得自己是平庸之才的人来说就应该是振奋人心的消息。也许他们与那些杰出者相比之下的平凡，只是因为这是他们在全新领域的尝试。

为了完善均衡的成长，每个灵魂都必须修习许多不同的东西；一个在艺术上达到完美，而对机械、医学、社会学一无所知的灵体，要从太阳系毕业似乎是非常不可能的。可以想见，宇宙大学校委会在所有这些领域中都要求一定数目的学分；但是如何为数量如此众多的学生安排所有这些课程，那就另当别论了。

无论基本设置是什么样的，有一点似乎已经很明确：在许多案例中存在着职业问题和心灵问题之间的密切交互影响。也就是说，职业困难的解决在许多案例中似乎要从属于急需矫正的性格缺陷。与此有关的一例是一位48岁的单身汉，由于某些性格困扰，越来越厌倦自己的房地产经纪人职务。他想知道该换个什么样的行业，解读劝告他保持现在的职业，尽管志趣不投；“因为尽管这并不容易，但你是在学习必要的功课。”

档案中还有许多类似的案例，其中一例解读令人想起托尔斯泰的妙语。他曾说，生命的环境非常类似于为建筑物搭起的脚手架。这些木头平台的用途仅仅是外在构架，通过它们能够开展内部结构的建造。但外在构架自身没有根本上的重要性，也不具备永久性。一旦大厦建成，脚手架就被移除。也许职业可以以这种方式理解：它就像一种外在模具，通过它，人类精神成长的某些方面能够得以实现。

而从另一方面来说，也许职业并不总是从属于精神品质的成长。也许它们自身在本质上就是灵魂应当精通的必要物质领域。也许通过每种活动范畴，人类都是在物质的相应表现形式中学习对它的理解和掌握；在每个职业领域中学会理解和运用通过宇宙同心圆的某个圆环区域表达自己的生命法则。也许这种对医药、音乐、农业、艺术等等学科的精通，是他最终成为造物主的比肩创造者的基本条件——成为一个庄严、纯净、强大的灵，一个不含恶意、散发光明、充满爱和创造力的表达中心，自己也具有生成其他形态、生命和世界的能力。

这样一种宇宙视角令人兴奋。但是，回到日常生活中的当务之急，我们仍然面对着未曾改变的实际问题：一个人该如何做出明智的选择？一位从专业角度对此感兴趣的人士曾请求凯西做出探究性解读。他的提问是，可否设计一种心理测验，提供职业指导。回答是，对于许多人来说，适宜的职业取决于他在地球期间为其他天体影响下产生的渴求做了些什么。

这一信息具有相当重要的价值，如果予以严肃考虑，可能为占星科学的某些未被探索的领域带来丰硕的研究成果。

在职业选择上的困惑是极其普遍的。但是，这种难以抉择就相当于一个实体障碍，也许是有其教育目的的；也许它的必要性在于促使个体对人生和工作意义的更仔细的考察，以及对相对他人的自我意义的更贴近精神视角的领会。

从凯西资料中收集到的信息具有确定无疑的价值：它在发展心理学研究新方向和解决职业问题的新态度上都极具启发性。有人曾问一个爱尔兰人是否会拉小提琴，他的答复是："我不知道，我还没试过呢。"这种冒失的回应也许并不像看起来的那样荒谬。虽说这则笑话反映的是粗鄙之人的急智，但我们更可从中看到潜意识智慧的萃取精华——因为没有人能了解自己内心深处的密室里藏着什么样的休眠才智。

一个与之相映成趣的现象是，在全美国各地银行的储蓄账户中存在着数百万美元的存款，它们的主人大多忘记了账户的存在。账户活动停滞一定时间以后，银行会试图通过已知最近的地址找到存款人。如果不能成功，它们就不得不将那笔款项划入“休眠账户”。这听起来也许不可思议，尤其是在一个国民对金钱的看重程度在世界上都声名狼藉的国度，但这却是真实的。这些休眠账户恰恰体现出与某种人生局面类似的情形。

在凯西的许多个案中，被长久遗忘的才能和天赋存在于记忆的潜意识库房里。解读的引导唤起个体对这些潜伏才能的关注。在数量惊人的案例中，个体通过再度唤醒休眠天赋的努力，获取了真实的职业才能。这种取得成功的方式构成了一种推导性论据。对这一点的认知会让我们所有人感到，自己的潜意识中储有后备力量，这就相当于有人告诉我们在童年的城镇的还留有被遗忘的储蓄账户。即使是停留在这种笼统的概念上，它也是个对我们有益的想法；而要使其在职业选择上更具实际价值，就需要补充更加详细具体的信息。假如我们可以通过帮助获取这类信息，就是非常幸运的；如果不能，那么我们应该可以通过暗示、催眠或冥想从更深的记忆层面汲取知识，发掘出自己的才能。

另一种发现和释放我们未知才能的方式似乎是通过追求爱好。通过参与西班牙语课程或者中国系列讲座对这类兴趣的培养，可能会激起深藏的潜意识记忆，唤醒我们获取才能。共同的乡愁般的兴趣再次将彼此联系到一起。生命轨迹的改变主要是通过结识他人。如果不是遇到他们，那些领域可能就不会向我们敞开。

对选择职业的困惑不仅可能因缺乏天赋造成，也可能由过于多才多艺而引起。有些人通过强度训练在每种领域中都取得了不凡的才能，使他们难以从中抉择。许多富有才华的青年男女都为这种游移不定和没有目标而苦恼，尽管他们拥有着天才的礼物。

当然，在选择职业时合理的第一步应该是列出自己所有的专长，无论多寡，然后在最突出的才能中做出选择。这是心理学家推荐的明智举措，他们还设计出了测量人类天赋的具体标尺。凯西解读尽管并未提供精确的数字分析，但赞同心理学家的观点，并常常强调指出个体的不凡才能。

但是对于拿不定主意的个案，或是在需要给予特别忠告的案例中，解读的职业选择哲学就变得十分鲜明。有三种基本理念出现得极为频繁，形成了这种选择哲学的核心。其中第一种理念是：树立你的理想，你人生的内在目标，然后设法实现它。

对理想的规划始终是整个凯西调适哲学的必要组成，在自我职业定向方面有其特殊的针对性。解读坚持主张每个人应该明确自己的理想；作为对具体思维的辅助，它反复建议求助者在一张纸上列出三个栏目，包括物质、心理和精神，并在每栏下方写上自己在这一人生层面渴求的最高目标。下面是一些典型的相关解读段落：

> “不要仅仅把对自我和理想的分析放在心里，而是要写到纸上。写下‘物质’，划一道线，写下‘心理’，再划一道线，然后写下‘精神’。从精神开始（因为头脑中的一切必然首先从精神设想而来），在下面写出你的精神理想是什么，无论是耶稣、佛陀、心灵、物质、神明还是任何其他能代表你精神理想的名词。
>
> “然后在心理一栏写下由精神理念决定的理想心理态度，包括对待自己、自己的家人、朋友、邻居、仇敌以及其他事物和境遇的态度。
>
> “那么相应的物质理想是什么呢？……通过这种方式，个体对自己

做出了分析。然后就可着手运用你以此获得的认知。”

“首先确定自己的理想。用白纸黑字把它们写下来。自己为自己做主，画出一幅图景。你是名优秀的工程师，擅长为其他事物作图。你尝试过画出自己吗？你实际上离自己想要成为的样子还有多远，或者和你希望在他人心目中的形象差别多大？什么是你心目中的理想？要记住，在物质层面，心灵是缔造者。”

总之，解读的信息源了解我们的理想必然各有不同，而真正的完善人生和正确的自我定向只有通过明晰的目标设立才能实现。我们的职业抉择应当根植于这一理念范畴。

凯西职业选择哲学的第二个基本理念是：努力服务于他人。我怎样才能最好地为人类服务？这应该是所有人在选择职业时的根本指导原则。我们所有人最终都必将学会把自己看作集体中的一个细胞——不是一个好战的国家集体，而是整个人类本身。“对他人的服务是对上帝服务的最高形式。”是频繁出现于解读中的一句话。还有一句是：“服务于万众之人就是你们中最超卓之人。”

解读将此视为我们所有的暂时理想在生生灭灭之后，都必然趋向的最终理想，这一点在下面的叙述中体现得尤为明确：

“因为只存在一种真正的理想，就是将宇宙的原创能量（它还有许多不同的名字）作为你的理想，使你的身体、心智和灵魂成为服务于这一能量以及你的同类的积极力量。”

上述法则必然引申出这样一种主张：金钱保障、名望和世俗意义上的成功应该从属于服务的目标，它们将随它而来，就像是车轮追随驾车的牛。一名多才多艺的 13 岁男孩问道："我该发展哪种才能，才能在以后的人生中取得财富上的最大成就？"解读告知："忘记财富的角度，而是考虑什么是最好的方式，让你为把世界变成更美好的人类家园做出最大的贡献。永远不该纯粹为物质利益耗费精力。钱财的获取应该是个体运用天赋使自己有益于他人的结果。"

另一个求助者问道："在哪个领域的努力会让我最有可能在金钱上取得成功？"回答是："去掉'金钱'二字。让财富成为追求诚实恳切地存在和生活的结果，这样旁人也可了悟正途。美德带来丰收。"一位进出口贸易商被解读告知："让这成为你的格言：我将服务于我的同类，遇到我的人可以使我成为援助他们的阶梯，而不是我将他们作为踏脚石。让名望和财富（因为二者都必将作为回报来临）成为正确度过生命、提供良好服务的结果，而不是将他人作为取得名望和财富的阶梯。"

这令人想起伟大建筑师克里斯托弗·雷恩爵士[1]的故事。据说有一天，他路过自己设计的位于伦敦的大教堂的建筑地点，施工已经开始，他好奇地想知道受雇的建筑工人如何看待自己的任务。于是他先后打断了好几人，问了他们同样的问题："你在做什么？"第一个人抬起头来，简短地回答："我在砌砖。"第二个人说："我在挣几块先令。"第三个人答道："我在协助建起一座大教堂。"最后一位工人的视角不是具体任务，也不是金钱回报，而是

[1] 克里斯托弗·雷恩爵士（Sir Christopher Wren，1632—1723），英国建筑师。他为伦敦设计了 52 座教堂，其中很多以优雅的尖塔顶闻名。

对所有人类的美好和福利的精神追求，这种态度正是凯西在指引那些需要选择职业的人时所采取的。

凯西职业哲学的第三个基本观点是：利用手边的一切，从立足之处开始。这一观点看似尽人皆知，几乎没有必要提出；但是，就如许多其他显而易见的事实，我们必须对其予以重申，因为人类总是倾向于漠视简单、就近的事实，而复杂和遥远的事物永远显得更加动人。

有不少人在产生为人类服务的念头之后，变得要么笼罩在模糊的理想主义迷雾之下，要么席卷于焦灼的狂热风暴之中。他们对人生目标的新观念也许兴起于俗务缠身之时，而没有切实的方式从中解脱；对家庭的责任或财务上的困难使他们难以获取专门的训练，似乎造成了崭新使命的实现无门。正是对于这样的人，解读认为有必要反复提醒一个事实：一个人只可能利用自己手头现有的东西。千里之行，始于足下；而第一步必须从现在站立的地方迈出。

下面这段例证性的摘录是典型的一例。一位 49 岁的女士问道："什么是我真正的人生事业？"解读答："鼓励虚弱无力之人，为受挫的人助长力量和勇气。""我怎样才能开始这样的工作？"她接着问道。"做当前你的双手能找到的事情！""你觉得属于我的方式是什么，哪里是最好的让我实现自己使命的地方？"她坚持追问。"你今天手头有些什么？"解读重申道，"利用在当下位置上现有的东西。听从主的指引。把自己放在他的手中。你是主的渠道；不要向他诉说你想到哪里去工作、付出、服务或收获！而是说，'主啊，我属于你。用你觉得适合的方式驱使我吧。'"

另一位女士也为同样的问题困扰。她 61 岁，丈夫是某个北欧国家的前领事。她曾长期过着丰富多彩的人生，在东方旅行，并且作过许多艺术和宗教领域的研究。她的解读请求是："请给我一个详细的说明，怎样才能最好地服务于人类？”解读的回答在本质上和上例中是一样的。“那些每天都在你面前打开的道路就是最好的方式。做得最好的并不总是计划做出最伟大事迹的人，而是那些抓住每天都面对的机会和情势的人。在运用好这样的机会后，就能开启更适宜的道路。因为我们用来为他人谋福利的事物，其自身就会增长。”“从你所在之处开始！”解读告诉另一个咨询者，“做你在现在的位置该做的事！当你证明了自己，主就会指给你更好的路！”

这样的实用经济哲学是每个必须把手头现有的一切利用到极致的能干主妇都懂得的。这不仅适用于那些一觉醒来发现自己希望为人类服务的人，也适合所有渴望任何伟大成就的人。事实上，解读苦口婆心地坚持主张“利用手边的一切，从立足之处开始”似乎是在努力抵消人类天性中的两种倾向：由目光短浅的无知造成的麻痹，和由好高骛远的认知导致的停滞。

许多人明确知道自己在艺术、科学或者政治领域想取得什么样的成就，但是由于错误的物质至上的短视变得气馁和怠惰，只因他的目标看似不可能达到。由于对才能延续的无知，他没有意识到时间并不重要。在时间这一假象的束缚下，也许不可否认他没有能力成为伟大的音乐家；但假如他任由这种想法麻痹自己的意志，到彻底放弃音乐的程度，就是将自己置于停滞之中。但如果他运用了浓缩在“利用手边的一切，从立足之处开始”这句警语中的目光长远的智慧，他的停滞状态就被打破，精力就可以释放在正确的方向。

另一方面，也有许多人为头脑中激发的恢宏远景而兴奋，但没有将这种理论上的热情转化到日常实践中去。许多神智学[1]者和人智学[2]者变得极其

[1] 神智学：一种综合宗教、科学与哲学来解释自然界、宇宙和生命的大问题的学说。

[2] 人智学：用科学的方法来研究人的智慧、人类以及宇宙万物之间的关系的学科。

专注于对精神进化的宇宙律法的研习，忘记了自己的心灵进步不会通过对法规的了解而自动完成。这就好比一个人全神贯注地研究道路地图，而自己从未踏上征程。抽象理论成了他们的生命重心，当涉及自身的个性改善或者对人类有实际意义的服务时，他们以理智的缺席而著称。当然，并不只是神智学者和人智学者体现出这样的弱点；即使在哈姆雷特的时代之前，缺乏实际行动就一直是哲学家们昭著的罪名。

透过凯西职业哲学的核心理念，我们看到解读在人类命运上流畅自如的宇宙观点在实践常识的约束之下取得了完美的平衡。从一切方面来讲它都应该使个体的每一个决定更加明智可靠，因为它是依据合理的宇宙参考框架形成的。通过对凯西职业哲学的学习，应当能够消除这方面的任何误解，并让我们认识到无论一个人对人类命运理论了解得多么全面彻底，他的自我完善依然是缓慢、日常、点点滴滴的过程。

此外，凯西解读不断提醒我们，无论一个人的境遇如何，都是完全适合于他的内在发展阶段的。即使有时候我们的遭遇看似从事实际职业的障碍，也应当把它视为踏脚石而不是绊脚石。改变外部境况的唯一途径是通过逆境中的对立元素耐心地磨炼自己，这样才有资格获取更好的际遇。一个解读指出：

“要知道：无论你面对什么样的境遇，都是自己成长所必需的。灵体必须持之以恒地在自己的生活中播撒善言善行，今日一言，明日一举，循序渐进，并谨记通过这样的言语和行为上的付出，自我成长就会到来。

“这样一点一滴，一砖一瓦，就建起了大厦。通过口里的言辞和日复一日的微小举动，个体展示出自己的心智水平，必然最终获取使他的知识、潜在才能和真正目标完全施展的机会。当个体通过向服务目标的不断进步而使自己做好了准备，改变现状的必要境遇就会来临，然后他将得以看到下一个步骤，下一个机会。

“那么，利用手中的所有，开始建造吧。一草一木，一亭一台。不必着忙，不要急躁；世间所有不正是主的心血建造？……”

第二十一章　人类才赋的探讨

凯西解读所揭示的关于人类才能特点及其持续发展的现象具有非常实际的重要意义。首先，它们使人感到摆在自己面前的拓展可能是无限的，这取决于自己付出的努力。

前面我们已经探讨过可以从中提取一定财富的休眠的才能账户。每个人掌握的资源完全取决于自己在“生命银行”里存储的心血。显然，这种存储系统必然对未来也和对过去一样有效。就如我们可以根据积累确定今生的具体存款，同样地我们也可以确保现在的存储形成了未来的确切账目。无论现在我们付出什么样的时间、精力、想法、关注来获取才能，都必将出现在属于自己的未来账户上。

世界各地都有着许多心怀渴望的普通人，追逐着蓬勃的梦想，尽管在一定程度上明知自己永远不可能完全实现它们。如果从世俗的视角看待他们，会觉得这种徒劳无功是非常可悲的；但当我们将他们置于连续法则之下时，这类努力就显得不那么无望了。

一位老人热心地学习养花，也许不能为他带来大丽花金奖或是园艺杂志上的全国知名度，但他正在为植物学和园艺学知识打下基础。一位中年女士在艺术上的笨拙努力虽然沦为家人和朋友永无止境的笑料，同时也在为她积攒着才能，也许有一天能作画。一年到头耐心地教授钢琴课的老师，个人演奏会生涯的梦想早已枯萎凋逝，拖着沉重的脚步毫无希望地前行；但假如她知道这是通往举世喝彩、功成名就的道路，也许仍能步履轻快。节拍器的敲打在她的潜意识中筑起精确的节奏感；年复一年的速度训练、手指练习、前奏、小奏鸣曲、创意曲和赋格曲的弹奏，在她的音乐记忆中深深划入了谐美的唱纹。

简而言之，任何努力从不会白费。这一点极其重要，对它的认知将会调协我们的意识，从而在实际上完全避免陷入绝望。今天的每一分每一秒，我们都在创造着自己的未来，决定着那个未来的具体样子。它是积极还是消极完全取决于此刻的自己，是在作着积极、建设性的努力，还是抱着消极态度，屈服于表面上的困难。

从这一理念产生了几种必然的重要推论。首先，它让我们清楚地认识到，生命的后期——“晚年”这个概念，不一定意味着放弃、休止和自我无用感。我们一向对“晚年”的认知只不过是一种迷信。根据凯西解读，在公元前10000年，埃及人的平均寿命远远超过了一百岁，他们对合理饮食结构的知识和正确的思维习惯，使衰老的发生比现在晚得多，老年与青年的差别也较为细微。现在，支持这一看似夸大的信息的科学证据也正在积累。我们的科学实验已经在食物对身体健康、力量和长寿产生影响的研究上取得了革命性的进展，无疑不久就会证实衰老的表现在很大程度上归因于错误的饮食习惯、生活态度和思考方式；同时，（根据心身医学在心理—身体关系中的发现）年长之人心理上预期的无用感，认为自己达到了极限，以及感到在生活中被年轻人取代的想法也对衰老的表象负有极大责任。

这种心理态度产生于一种错误的看法，我们不妨称之为生命的水平视角——将自己与他人在时间与空间的水平线上作比较的习惯。但是唯一正确的生命视角应当是垂直方向的。与那些比我们自己更年轻的人相比不但是令人气馁的，也是没有必要的。因为现实中我们所有人都只是在努力地超越自己。从某种意义上来说，我们的进步不是相对于他人的，而仅仅是相对自己和造物主的。

对这一点的全面认知必将把我们从与他人比较而产生的任何焦虑中释放出来。这类角逐只不过是物质层面的假象。在精神实质上，我们的竞赛对象不是别人，而是尚待完善的自己。

尽管我们无法预见多年后具体的社会结构如何，但很有可能在特定年龄退休的习俗至少会延续到青春保养的知识比现在远为发达的时候。但无论社会安排是怎样的，年长的人都绝不该把自己看作与樟脑球和去年的被褥一起束之高阁的无用之物。相反，他应该安然地把时间用在培养新才能上面，或者学习那些曾碍于家庭义务和工作职责从未有机会钻研的新知识。他这样做的时候应当坚信自己是在为来生积累内在财富。耶稣曾忠告“不要为自己积攒财宝在地上，而是在天上”，而上述理念正是对这一忠告的一种合理的解释。其中“天上”指的是获得解放的意识形态，天上的财富则可理解为心智和灵魂的才能。

这确然也是解读的观点，在其案例评述中体现得既含蓄又鲜明。我们已经看到解读建议那位年近六十的男子投入对宝石疗愈功效的刻苦钻研。档案中这类案例数不胜数。一位快要退休的警官被建议学习化学，目的是成为侦探，继续做出自己的贡献。一位 63 岁的祖母获取的建议是帮助年轻人找到自己生命中的位置。另一位也是 63 岁的祖母，被告知不但要扩大已经创建多年的花卉生意，还应培养写作方面的才能——而她本人从未想到这点。

解读频繁地明确指出，我们有责任做有益他人之事，直到生命的最后时刻。下面是几段典型的摘录：

“做任何事都要适度，任何事都不能过度，你今生就会有98岁的寿命——前提是，你生活的方式配得上这样的长寿。但你可以为他人贡献什么呢？除非你能给予，否则有什么权力妨碍他人？做出贡献，那么你的寿命就和你的价值一样长久。”

问：我该如何为老年作最好的准备？

答：通过为当下做好准备。让增高的年龄只为你增添成熟。因为一个人永远和他的心灵和追求一样年轻。保持甜美，保持友善，保持关爱——如果你想要保持年轻的话。

问：我该怎样克服对年事渐高和老来无靠的恐惧？

答：通过走出门去，为他人服务；协助那些无法照顾自己的人；给别人带去快乐，全然忘却自己。通过帮助他人，就可驱走自己的恐惧。

问：你觉得我该培养什么爱好？

答：培养帮助他人的爱好。在户外侍弄花草也会是个适合你的爱好；但同时也应计划每天为那些无力自助之人做一件好事。即使只是与卧病索居之人的谈天和陪伴，你也会从中得到对自己的莫大益处。

如此看来，“不朽”这一世俗概念所体现出的模糊而不切实际的生命延续观点，获取了在人类的才能和努力方面的重大心理学意义。

关于所有才赋都是自己取得并且承接延续观点的第二个必然推论是，嫉妒是没有必要的。爱默生曾说，每个人的成长都会经历一个阶段，意识到嫉妒就是无知。他是在表述一种真理。只有这样的人才会嫉妒：他们不明了一个人做过的事情，其他人也可以做到；别人在美好、才能、爱、名望或财富方面所具有的，对自己来说也完全可能——只需要付出相应的努力，获取拥有它们的资格。

在我们当今的文明阶段和精神理解水平之下，嫉妒常常在其他动机无法起作用时促使个体行动。但是，当嫉妒发展为怨恨、憎恶、蔑视、毁谤、愤恨和所有类似的卑鄙情感时，它就是邪恶的。而一个多才多艺的人可能是其中最被深恶痛绝的；那些希图在超过一种领域中向世界证明自己价值并且在每个方向上都取得了一定杰出成就的男男女女，相比那些只在一个领域获取成功的人们，被嫉妒的程度呈几何级数增长，在更多的人心目中激起嫉恨。他借由自己的博学多才寻求他人的钦羡，并在一定程度上取得了成功——至少是获取了口头上的称颂；但在人们的内心深处，他收获的却是敌意和怨憎，因为在众人心目中，他愈加严重地剥夺了他们自己获取认同的机会。

但是，当人人都能明白一切才赋对我们所有人来说都是同样可以获取的，嫉妒就当会减少，真正的多重天赋就会增加。宇宙的精神秩序并不像某些经济制度那样要求建立在多数人的匮乏之上的少数人的富足。一切资源都被平等地供给所有人，只要他们能够无私高尚地使用它们。

此外，对职业发展过程的认知不但应该减少使人隔阂的嫉妒，也应当增长团结彼此的激赏。我们自己由于今生忙于其他事物而无法展现的才艺，幸而有其他人在相应领域中发扬，正是他们体现着我们自身的多面性，这一事实的确值得感激。例如，一位今生受“法”（或者说义务）的约束而家务缠身的女士，也许在内心深处渴望着成为舞者；她常常在看了电影中的芭蕾情节，或报纸上刊登的捕捉舞者优美动作的照片之后，对迫使自己煮饭打扫的命运感到深深怨恨。但假如她能想到自己在几个世纪之后——也许更短的时间内——也可以投身舞蹈生涯，那么嫉妒带来的刺痛就该减轻，取而代之的应是涌起的感激，感谢其他舞者在今生的过渡期间扮演自己的角色。“Tat twam asi（梵我同一）”是一句印度格言，具有渊深而繁复的含义；其中较为直接的一层意思是，当我们目睹着所有不同的人类成就，看到的不过是自己灵魂潜能的具化显现……

第三个重要推论是，挫折感就和嫉妒心一样，在某种程度上也是不必要的。只要灵魂被局限在尘世的形态中，就必然会感受到某种挫败；假如有一束神圣之源以雏菊的形态附身，就意味着它无法兼美大丽花。百合也许会带着钦羡欣赏玫瑰的艳丽色彩，而玫瑰也可能热切渴慕百合的优雅线条。它们尽管在各自族类中都堪称完美，也不得不接受自身形态的限制。

但除非是在诗意的幻想中，否则鲜花不会因为渴求成为不同于己的事物而枯萎凋零。人类的男女通常也不至于因此伤逝，但却会为之苦恼；而当这种挫败感发展到一定的剧烈程度，他们的心智状态也达到相当的敏感时，就可能因此而陷入心理甚至生理的病痛。

从另一方面讲，挫败感就像嫉妒心，有其重要的心理效用。如果说需求是发明之母，我们也可以同样合理地宣称挫折是创造之母。歌曲为之而谱写，药物由之而发明，大陆因之而发现。小说家鲍沃尔—利顿[1]将他的乌托邦国度描述为不存在文学的地方，因为没人了解任何形式的挫折，因此人们也缺乏写作和阅读他人喜怒哀乐的欲望。这样的情节透露了一种重要的可能性。挫折就像对蒸汽的压缩，将人类的精力导向某种积极的状态，若非如此，他们可能永远不会出于纯粹的自由散布习性而塑造自我。就如显化宇宙中的所有其他事物，挫折具有有益和有害的两个极性。当它促使人们发展新品质、创造新的艺术形式时，挫折就是善的；当它使人失去内在平衡，以至于让生命力在体内淤堵，挫折就是恶的。

有一个关于蜗牛的故事：它在一月清晨的严寒中爬上樱桃树冻僵的树干。当它缓缓向上移动时，一只甲虫从树缝里探出头来说："嗨，朋友，你在浪费你的时间。上面没有樱桃。"但蜗牛头也不回地继续向上爬去，"等我爬到的时候就有了。"

蜗牛的这种平静、耐心、目光长远的自信也代表着一个对职业延续法则完全信服之人的精神品质。另一个体现正确心态的鲜明范例是伟大的小提琴家帕格尼尼。据说他有两年的时间被关在负债人监狱里，其间通过某种方式得到了一把只有三根琴弦的小提琴；连续不断地练习这把破损的乐器，是他唯一能找到的消磨时间的方式。当他终于获释出狱，在公众舞台上再次现身时，展现了前所未有的激情和完美演出，震惊听众的精湛技巧前无古人，后无来者。他那前所未闻的技艺——在一段高难度的演奏中间拉断了一根琴弦，然后在仅剩的三根琴弦上完成了演出——正是从那两年

[1] 爱德华·鲍沃尔—利顿（Edward Bulwer-Lytton，1803—1873）英国著名政治家、诗人、剧作家和小说家。曾出版一系列畅销小说，下文提到的乌托邦国度出自他的代表作之一《即临之族》（*The Coming Race*）。

被迫的独处而来。

帕格尼尼的监禁生涯给他带来货真价实、毫无疑问的挫折，但他回应的方式是积极而非消极的。在未来的很长一段时间里，人类仍将通过自愿承担的过去矫正和显化存在方式本身遭遇挫折。但挫折不该使我们退缩，也不应阻碍或击垮我们；即使带着它的脚镣，我们仍然可以学会舞蹈，即使面对牢狱四壁，我们仍然可以坚持歌唱。当挫折是不可避免的，我们可以学会耐心、积极甚至快乐地接受它，并以此为自己将来的胜利打下根基，让辉煌属于那些仍沉睡于时间矩阵之中的未来时代。

第二十二章　性格层次与演变

就如一部引人入胜的小说，人生因冲突而精彩。在原始时代，冲突主要产生于与其他人类或自然力量的斗争。但是，随着人类的进化进程，越来越多的冲突开始源自于内心。对内在冲突的描述出现在人类生活的各个领域，包括在善与恶、精神与物质、理智与激情、良知与冲动、显意识和潜意识等等元素的对立之中。

所有这些描述都体现了一定的事实，冲突的首要根源是灵魂将自己与一种被称为“物质”的灵性密度层次等同时犯下的错误，尽管它必须借由这一层面呈现自己才能达到进化的目的。这种错误的认同导致了出于自私和分别心的行为，将人类的邪恶行径具体化，形成了囚禁自身的牢笼；这种囚禁也就成为人类心灵苦闷的首要和基本的根源。人类陷于加诸自身的牢房，对诸般隐形铁窗的抗争就成了内在冲突的主要形式。

凯西解读明确显示，还有一种冲突来源。我们必须记住这些彼此对立的诉求在他的显意识中的职业选择领域形成了冲突。他是该成为音乐家还是教师？也许多年以来他都为这种难以取舍的内心挣扎而精疲力竭；问题可能最终通过对两种渴求的结合而解决，或者因对其他事物的偏好同时放弃两者，原因是产生了某种新的人生目标，抑或仅仅是为了谋生的必要。

比相互矛盾的欲求导致的局面还要艰难的挣扎，来自一种冲动被不完全地消除的情况。例如：某个体带有源自前世经历的傲慢自大的倾向，他当时曾拥有镇压一个民族的独断专权。在紧接着的一世，他降生为残疾的贫民孩子，傲慢的态度被叫停，并在一定程度上形成了相反的心态——包容和同情，但这种对前世性情的取消或压制并不完全。作为结果，现在的意识中涌动着在同一基本领域上的两种相反的冲动。因此我们在他的性格中看到明显的不一致性，轮流体现为专横和宽容的态度。个体自己逐渐意识到存在于自身的矛盾；假若内心与同类的手足之情观念占了上风，他就会更加自觉地努力压制涌起的来自久远前世的傲慢。但是，许多人都缺乏对自身矛盾的认知。

未完全消除的欲求产生的影响是通过对解读案例的广泛而深入的研究归纳的，体现在无数个案的细节线索中，并且被生命解读指导下对几例个案案主的长期观察取得的第一手信息证实，其中体现得最鲜明的是下文的案例。

这位案主的性格中存在着两对基本的矛盾性情。矛盾之一表现为，一方面他有时候孤僻、内向、沉默、冷淡、不爱交际、钻研学术、超凡脱俗；时而又变得亲切、外向、豪爽、愉快、享乐主义。

对这类自身矛盾的认知、对最值得保留的性格倾向的选择，以及克服它的对立面的努力，就应当是解决任何根深蒂固内心冲突的合理方法。随着我们对这类案例的探究，愈加清楚地看到解读为何要坚持重复这样的忠告：首先要规划你的人生理想。初看起来这一建议虽然明智，但不够成熟，倒像是夏令营之类青少年组织的有益身心但过于单纯的口号。但是通过充分考虑和透彻分析，我们发现这一忠告在一切有关成人人格整合的问题中具有根本的重要意义。

一旦我们设定了理想，就拥有了旅行的罗盘，它将引领我们乘风破浪，协调和逾越任何一种存在于潜意识中的冲突想法的旋涡。这也许的确可以被视为光明与黑暗之间、精神与物质之间或者善良与邪恶之间的抗争。但是以更现代的观点来诠释，这场战争是觉悟之后的显意识和深藏于潜意识中的未及矫正的过往愚昧想法和行为冲动之间的对决。

一个人通过直觉产生的理想也许能够准确地折射出该灵魂降生的基本目标，我们不妨将之称为超意识人生目标。但有时，个体通过显意识树立的生命目标——尽管永远为其进化目的服务——也许仅仅与超意识理想大致相近。我们可以通过乔治·艾略特的人生经历说明这一观点，因为在她的身上体现了矛盾欲求的典型例证。许多富于同情的观察者注意到在这位伟大英国作家身上存在着某些深藏的内在矛盾。下面列举出来自两本不同传记的摘录：

> “乔治·艾略特既是清教徒，也是异教徒。她身上的这两种对立面从未调和，永恒的苦闷和抑郁追随着她。乔治·梅瑞狄斯[1]曾这样形容：‘乔治·艾略特拥有一颗萨福[2]的心，但面容上的长鼻子和突出的牙齿，就如启示录中的末日之驹，泄露了她身上的动物性。’”[3]

---

[1] 乔治·梅瑞狄斯（George Meredith，1828—1909）英国维多利亚时代的诗人、小说家。

[2] 萨福（Sappho，约前630或者612—约前592或者560），古希腊著名的女抒情诗人，一生写过不少情诗、婚歌、颂神诗、铭辞等。

[3] 节选自《乔治·艾略特心路研究》（*Studies in the Mental Development of George Eliot*），丰田实著，砚友社出版社，1931年出版于东京。

“乔治·艾略特……外表柔弱的女子，总是把座椅拉到离炉火很近的地方。她那富于女性气质的举止和风度令人倾倒，使任何有幸会见她的人印象深刻……她的欢笑和浅笑都令人愉悦，声音沉稳清晰，极富同情心……

“除了达伯特所作的乔治·艾略特肖像，还有伯顿先生和劳伦斯先生对她的描画，其中后者是在《亚当·比德》出版之后不久绘制。针对劳伦斯先生画作的相似度，一位对人类天性具有敏锐洞察力的观画者的评价是，它并未传达出艾略特善于观察的眼眸那无尽的深邃，也没有表现她偶然流露的冷淡、微妙、无意识的残酷表情。”[1]

任何了解艾略特高尚、热心、善良的一生的人都不可能指责她残酷，但是假如那位人类天性敏锐观察者的判断是可信的，则可以偶然从她身上察觉一种“冷淡、微妙、无意识的残酷表情”。“无意识”一词在此处至关重要，因为在这位极其善良和高贵女士的潜意识深层，存在着冷漠、细微的残酷倾向，这种倾向已经几乎被转化为仁善，但尚未彻底矫正。

在艾略特的尘世人格中，其显意识的人生目标很可能是“写作”、“服务人类”或者“唤醒他人的道德责任感”。但是其超灵（或者说不朽本体）的人生目标，也许并不是以上任何一种，也许是彻底完成从残酷到仁善的转化，或是矫正纵欲的罪过，抑或在禁欲克己的知性和更加人性化的价值观之间取得平衡。

[1] 节选自《乔治·艾略特》(*George Eliot*)，马蒂尔德·布林德著，W. H. 阿伦图书公司，1888 年出版。

*　　*　　*

传记作家的责任就比展现名人一生的精确编年史，或是刻画其外在性格的栩栩如生的肖像还要更深入广泛；他的首要任务就不但是概括人物显意识中的人生目标，也要发掘超意识中的理想。当然，如果传记作家没有解读能力的协助，他就只能在现有的个体生命资料基础上直观地做出这些研究。

当然，关于传记作家及其任务的推导也适用于心理医生和其他所有以分析和调整人类性格为己任者。但是我们必须明确超意识人生目标和精神分析学中通常意义上的潜意识人生目标之间的区别。下面不妨通过一个假想的例子说明这种差异。

假设一位女士由于发生精神失常，决定向精神分析师咨询。医生通过分析发现，她一生都抱有支配他人的欲望，并以关切的爱为名义在丈夫和四个孩子身上施行专制。现在由于丈夫的去世，已经成年的孩子也拒绝她的控制，她将他们的自立看作“忘恩负义”，觉得自己被亏待、不被需要、深感孤独，失去了活下去的理由。

分析师找出了这位女士在婴儿或者童年时期遭遇的某些事件给她造成的不安全感，促使她通过意欲控制他人来获取权威。在确定这是她人生的潜意识目的之后，医生建议她停止控制孩子和他人的企图，允许别人拥有她自己也希望掌握的自我引导权，并且投身于慈善活动。她第一次意识到自己隐藏的潜意识目的，认可了医生的分析，听从他的建议，从而战胜了几乎将她吞噬的神经性疾病。

她预想的整体人生追求很可能是：认识到其他人并不属于自己，也不是屈从于自我意愿的卑下臣民，学习待人宽容如同待己的课题。她的孩子们的反抗，在她一手遮天的小小世界里推翻特权的举动，以及因此而导致的精神失常，都是她自己制定的人生规划中所包含的事件，目的是让她在尘世中学习战胜主宰他人的强烈欲望。

如果个体能够通过生活境遇的课程提升自己，而不叛离，就没有必要发生崩溃；精神崩溃的发生只是为了通过全然丧失能力消除个体的固执，从而使行为与人生规划保持一致。

普通精神分析学中所指的潜意识目的通常是自私和物质层面的，由抱着人己殊异观念的个体为自己想象中的安全感或自我保护目的产生，而超意识的人生目标是非物质的，因为它注重的是获取灵魂品质，学习精神课题。如果个体开始意识到自己的内在目标，让有意识的人生追求与超意识的理念一致，那么进步的过程就会更加快捷，因为个体对生命中教育性经历的内在抵触将会随之减少。

这些深藏在潜意识之中有时还会相互矛盾的欲求是我们必须学会解决的问题。伴随这一概念产生的一些重大启示，也许能够为当代心理学的不同领域指引方向。例如，它为双重和多重人格的重要课题提供了可能的解决方法。

史蒂文生的传奇故事《化身博士》的广泛传播使得普通大众对于双重人格十分熟悉。但相比之下少有人知的是，不但双重人格，而且三重、多重人格在反常心理学领域中都很常见。更有甚者，许多多重人格者的性情变换都几乎与故事中博士的两个化身之间的反差一样巨大。这些问题引起了欧洲和美国顶尖心理学家的关注，但对这一现象的权威性解释却始终未有定论。

凯西档案中并不存在这类病例，因此无法断言解读对此的解释会是什么。

心理学家发现，人类的品格并非广义的概念，而是具有各异的特色。例如，“诚实”并不是一种绝对的、笼统的品质，而是一些不同特点的集合。诚实作为公认的道德概念，被人类转化为实际行动时，却并不体现单一的品质。人们中间存在着对待金钱的诚实、参加测验的诚实、竞赛的诚实、交谈的诚实、私人关系中的诚实，以及其他各种不同的诚实方式，而不是所有人都体现出唯一绝对的诚实。

心理学家对这种诚实特异性的解释是：个体从小经过父母和老师的教导，学习对某种情况做出特定的反应，并因此感受到了满足或是失望，从而决定了他未来在这些领域中的条件反射。这是一种合理的解释，并能使我们性格中存在的矛盾变得易于理解。

但是品格特异性并不仅仅源于个体性格形成期体会到的满足或失意，也来自许多过去的教育性经历。一个人有可能彻底学会了对待金钱的诚实态度，但还未学到与他人关系中的诚实。他也可能学习了慎重对待人类生命的课程，但还未学会尊重动物的生命。

这类个性特点的不均衡性在所有人类身上都非常普遍。一个充满诚挚、心怀善意的年轻人可能会为世界和平和社会公正的普及而深深忧虑。假如有人在激烈争论中告诉他，他的基本天性是残酷的，他就会感到愤慨。他完全不相信这种谴责，对责难者怀着最深切的蔑视；但几个月后，一个凑巧而异常的局面使他认识到，事实上他性格中的确存在某种冷酷，只不过从前没有意识到；这种冷酷体现的方式是执意控制他人，不容许给他们带来慰藉的任何信仰。这种突如其来的自我认知使他感到惶恐，无法理解自己身上同时存在的对整个人类的总体上的理想仁爱，和体现在具体之处的微妙的专制和残酷的敌对态度。他开始疑惑，自己是否真的如反对者形容的那样“基本上”是残酷的，他所有理想主义的表现是否都是自欺欺人的伪善。

或者，让我们再举一位生活优裕的女士的例子。她一直认为自己慷慨大方，但有一天忽然在良心谴责的错愕中发现，她只是在物质方面慷慨，不吝于食品、衣物、钱财和其他私人财产，但在评判别人行为的时候却十分狭隘小气。

这类发现在心智成熟的人群中十分普遍。它们带来很大的困扰，动摇我们的自信，使我们怀疑自己的正直，甚至严重到让我们放弃努力的程度。这种反省的痛苦无疑是成长中的有益阶段。但是，知识可以驱散焦虑。如果我们明了自己天性中的不均衡是多样化的经历造成，对这种知识的掌握就可以帮助我们冷静地看待内在的不谐，平和地认识到我们有能力平衡它们——事实上，生活中的痛苦经历正是为了达成这种平衡。所有的品质最终都必须在一切不同的环境领域中学会，但我们不能指望一下子做对所有事；学校的课时分为每周五天、每年九个月的阶段是不无道理的，同样地，我们需要修正自己身上尚存的缺陷也是合乎情理的。

我们的这些内在倾向是该按心理学术语被称作“特质”、“本能”，还是按凯西解读称为“欲求”，并不是最重要的（尽管“欲求”一词也许更鲜明地体现了其中包含的推动力）。当我们完全了解了欲求的不均衡性、它们的相互对抗和不完善的修正状态，那么无论是对自我的了解还是对他人的理解都会得到极大的改善。

长久以来，人们关注着“无辜”和“原罪”的问题。许多哲学家严肃地致力于研究婴儿的真正天性——是天生良善还是天性堕落。柏拉图认为婴儿的心灵充满了前世经历的回忆，而英国哲学家洛克[1]则认为婴儿的心智是一面白板、一张白纸，感知在上面记录印象，进一步形成观念。而神学家宣称所有婴孩都沾染了亚当和夏娃的“原罪”，只有基督教的圣礼才能救赎。

显然所有人都带有罪孽，但这是他们自己一手制造的罪过，而不是源自亚当和夏娃的讽喻式形象。罪过源起于我们自己的行为，无法通过洗礼或是其他神学仪式纠正。当然，神学仪式有它们自己的象征性价值和目的，但是不能被视为意识转变的替代品，尽管它们的用意是象征这种转变。

作家阿道斯·赫胥黎曾讲述圣徒般的十七世纪西班牙修道士圣伯铎·克拉威的故事，他为从非洲运抵美洲时遭到非人待遇的黑人服务而奉献了自己的一生，并常常劝诫黑奴们反思自身的罪过。这样的劝诫当然会显得有些背离重点，“但是，”赫胥黎这样评述，“伯铎·克拉威多半是正确的……其正确性在于他强调人类往往无论身处什么样的境遇，永远有理由疏于行善，而如果有可能的话，这种罪行的影响必须被消除。他的正确之处在于坚信即使那些遭遇最残酷恶行的人，也须谨记自身的短处。”

赫胥黎在此处触及了一个非常重要的问题——也就是前文被我们称为“无辜的假象”的现象。我们中的大多数人都会认为自己犯过的罪过少于承受的罪，被亏待的情况多于亏待别人。我们都相信自己是无辜的，是良善的。这也许部分归因于生命体与生俱来的自负本能，但在更大程度上是由于我们被遗忘之溪清洗了记忆。我们罪恶的过去被仁慈的自然法理隐藏了起来。

“我从来都与人为善，”也许一位女士会如此抱怨，“可是看看他们是怎

[1] 约翰·洛克（John Locke，1632—1704）英国哲学家、经验主义开创人。

么对待我的。人类是如此的忘恩负义！”的确如此——我们也许可以这样作答——你确曾行善，那是因为年轻时就意识到自己并无美貌，只有通过善行才能获取异性的青睐。但是你必须认识到，这在你只是一种新形成的品质。人们对待你的态度并不能作为人类不知感恩的例证，而只是在适当的领域反射出你自己曾经对待别人的方式。生命的季节轮转最终会回报现在播种的果实；与此同时，你应当将蓟草视为公正的回馈而接受，并继续勇敢地播种蜜果……

对人类个性观察敏锐之人，可以看出哪里存在着浮木浅滩，何处又藏着个体自己没有意识到的危险深沟。在不同的人身上可以分别看到潜在的憎恨、掠夺性的控制欲或者是冷酷无情的倾向。个体陶醉在自己的青春、美貌、财富、天赋、感官满足、尘世好运和精于世俗礼节、表面虚饰功夫的自我幻象之中，并不知道自身内部存在的罪恶；但是当他所依赖的外在保障被撼动和毁坏，个体就会发现自己表现出了之前深藏内心的负面品性，并且正遭遇着迫使自己纠正它们的局面。

当发生了痛苦的际遇，人们也许会抱怨说，我从没干过任何坏事，不该遭受这样的惩罚，但他的无辜只是一种假象。他的逻辑并不比那个被指控谋杀自己双亲的法国人更加合理，后者虽然承认了罪行，但请求看在自己是孤儿的分上得到宽恕。认为自己遭遇不公的人确实不知道自己犯过罪而不承认这种罪行，但他的行为类似于因为自己是孤儿而要求赦免，但他的悲惨境遇正是自己一手造成。他确实有罪，身上毫无疑问存在着罪恶或是弱点，否则不幸就不会降临到他头上。因为罪孽不会光顾人类，除非他自己也有潜藏的罪恶，与外来邪恶类似的振动频率招致了祸端。

生命变迁造成的角色转换具有教育性目的，无论这些变迁是显著的外在灾难，例如战争、瘟疫、洪水，还是微妙的内在压力和冲突。当心理学认可了这些灾祸变故在人类进化阶梯上的意图和本质，它就会向前迈出一大步。

同样地，所有的宗教神职人员，无论是神父、牧师、拉比、婆罗门还是其他教派，都应该对生命进化的媒介有着全面的了解，包括促使人类性格转换的外在和内在的因素。当绝望者前来求问人生悲剧的意义，他们就可以在真正的科学基础上给予慰藉和鼓励，提供和代数等式一样清晰确切、与山顶落日一般庄严震撼的解析。

第二十三章　灵活多面性

人们往往会提出一个疑问："遗传该如何解释？"关于遗传的已知事实几乎总是被认为与推导得出的过去知识相矛盾。但其实两者之间并不存在冲突。凯西在谈到这个问题时曾运用一个精彩的比喻。有人在自己的解读结束时问道："我从双亲的哪一方继承的最多？"回答是："你从自身继承的最多，而不是你的家庭！家庭只不过是灵魂流经的河渠。"

遗传规律扮演着因果报应律的从属角色，这一点可以使用另一个类比说明。假设非洲丛林的原住民来到了纽约城，他在这里第一次见到剧院外面的电子招牌。他注意到招牌边框上的那些白色小灯似乎在不停地兜圈，好像是在追逐彼此；看起来每个发光的小球都在碰撞下一个，光线随之转移，就像传递火炬一样，从一个光球到另一个光球。总之，看起来让每个灯泡发光的是紧挨着的前面的灯泡。但这仅仅是*看起来*的运转过程，实际上的原理是让每个灯泡间隔相等的瞬间依次发光，使它们轮流闪烁，产生想要的传递亮光的效果。

当然这个类比并不严密——实际上也不存在绝对严密的类比——但已足够接近事实，说明有时候表面上显示的因果关系并不符合深层的真实原因。表面上看起来的通过身体遗传的特性传递，就如剧院招牌上灯光的流动传递，其真正的产生原因是磁力法则，作用是让灵魂准确无误地被吸引到特定的家庭群体和肉身机遇中去，以便最好地满足自己的内在需求。

那些把一切性格倾向都归结于遗传、把所有人类病痛都归因于直接的物质层面因素的人，就像是一位宴会上的客人，感激侍者把佳肴送上了餐桌。固然，端上美食的的确是侍者，但他们只不过是在听命于雇主罢了。

另一个常常被提出的问题关乎伦理。如果一个社会的习俗在根本上是邪恶的，那么其中的所有成员在某种程度上都分担这种罪恶感。如果在根本的道德意味上奴役、杀害、致残他人是错误的——根据古老的智慧，这种对他人自由意志的侵害的确是种绝对的罪恶——那么这类社会的所有成员就都该受谴责；即便他们不是积极犯罪，也属于消极负罪。如果他们意识到了这种习俗在道德上的严重性，通过不予制止的方式容忍它，罪恶感就会不断积累，愈来愈强烈。而假如他们积极地参与这类恶行，负罪感就会相应递增。

这一问题在印度宗教圣典《薄伽梵歌》中有极其高明的表述。《薄伽梵歌》是一部绝卓而精妙的论著，应当高度推荐给任何有意于建立新的行为伦理的人。（也许对西方读者来说最好的《薄伽梵歌》版本是由斯瓦米·帕拉瓦南达和克里斯托佛·伊舍伍德翻译、由阿道司·赫胥黎作序的译本。）它的中心理念是：在对行为抱有的非个人的超然之中，蕴藏着不产生未来惩罚的秘密。即使爱也必须成为无关个人的爱、无依附的爱、不贪婪的爱，爱得超然——否则就会为将来铸就新的枷锁。

还有一个该考虑到的元素是意外事件是完全可能发生的，“即使是在造物之中”。有时候，产伤或者后来生命中遭受的伤残是纯粹的意外，与个体自己没有内在关联。

例如，在一个十岁小女孩的案例中，她从幼年起就完全失聪，还有一只眼睛失明。下面是孩子身体解读的开头部分：

“是的，多么悲惨的状况。是意外，由于护士未采用正确的清洁方式而造成的。

使用的消毒剂影响了感觉器官，引发炎症，损坏了它们的官能……”

解读对另一例由于使用高位产钳而导致产伤、造成大脑异常的个案评述如下：

“是的——是的——我们能够看到这个身体。

我们发现针对其身体状况可以有很多的救助措施。这是医生把事情办糟了。有人迟早为此付出巨大代价。

这种情形需要长期、耐心的照料，并且应该尽可能快地转移到不同的环境中去……”

在一个大出血案例中，回答是：“导致这种情况的是吃了太多口味过重的食品。”

一位耳鸣患者问了一个类似的问题，解读的答复是：“这完全是生理问题，需要通过头部和颈部的活动缓解压力。”（这里提及的活动方式是一种包含三个动作的简单运动，解读常常将它建议给需要提高视力和听力的人。）

对于一位在 15 岁时由于事故失去一条腿的男子，回答是：“这种经历对促进你自身的发展是有必要的。不是要偿还什么，而是你可能因此学到一些真理，让你得到解脱。”

另一个右手受伤的人问道：“我右手的受伤事故是否是纯粹的意外？”回答：“纯属意外——没有精神内因。”

为一位进行性肌萎缩症患者做出的解读是这样开头的：

“要通过这样的经历，学会耐心和坚持。

“因此不要悲观厌世，尽管你的病症在表面上使你成为‘卧病’之人，所能运用的唯有自己的心智。”

以上案例说明，一些事故的发生也许的确属于“意外”，受害者自己并没有在任何层面的因果关系中制造它们的诱因。这类意外造成的困境是特例而不是常规，但它们为灵体提供了成长和获取新力量的机会。

事实上，解读对前面两个案例的评述与耶稣的教诲高度应和。在《约翰福音》（9：1–3）中，耶稣这样回答门徒们关于一位盲人的提问：

“耶稣过去的时候，看见一个人生来是瞎眼的。

“门徒问耶稣说，拉比，这人生来是瞎眼的，是谁犯了罪？是这人呢？是他父母呢？

“耶稣回答说，也不是这人犯了罪，也不是他父母犯了罪，是要在他身上显出神的作为来。”

这段话在几个方面上意义重大。门徒们问耶稣：“这人生来是瞎眼的，是谁犯了罪？是这人呢？是他父母呢？”

而耶稣的回答——并未以明确的解答直承其事，的确显得有些模棱两可。

《圣经》本身是后人对一系列事件的追忆记录，曾被辗转翻译了多次。[1]它经过如此众多的抄写者的笔端，与原意相反的变动必曾屡屡发生。因此，我们今天手中的《圣经》不可能完全、精准地再现耶稣最初的教诲。对人类叙述谬误性的心理学研究至少该使我们信服这种不可能性。那么这段引用也许就和许多其他段落一样，对它们的有意或是无意的变更歪曲了耶稣的原话。

但是，倘若对盲人问题的回答或多或少地正确再现了耶稣的话语，那么可以说他的回答和上文中凯西对失去下肢者和进行性肌萎缩症患者的回复非常一致。

我们必须认识到，生活中的困境起源永远是精神成长的契机。它不是机器，不能只凭按下操控按钮，就按部就班地自动运行。

因果报应诚然是精准的律法，但它的目的是为灵魂提供使自己回归正轨、与宇宙的存在真理达成一致的机会。假如灵魂因此而开始意识到自己的缺陷，不断地主动校正自己，他在回归本原的行动中所主动取得的进度，就相当于在同样的距离上被赦免了强制推动。

其目的是调整灵魂，此处的“调整”一词相当于印刷工人说的“调整”版面——令其符合规格，与印刷基线对齐。如果我们认识到了它的教育性目的和调整性意义，也就会明了它的惩罚既不是随意的也不是僵化的。因此我

[1] 对于这一观点的阐述可参考《译者的手法》(*The way of the translator*) 一文，发表于《美国信使》杂志 1945 年 3 月号，作者是马克斯·诺麦德（Max Nomad)。

们就不会仅仅被动地接受惩罚，而不去付出努力、积极地学习身处的困境所指示的那些精神课程。

物理学的运动定律在这种关联上非常具有启发性。一个物体进入运动状态后，就会沿着一定的轨迹前行。假如对它施加另一种力，与它原先的运动方向不同，物体就会开始沿着不同的轨迹运动——新的轨迹是两种不同推力作用的结果。过程中没有能量的损失，也没有违反任何规律。一种力道的作用轨迹仅仅是通过施加另一种力道而被修改了。方向可以被偏转或修改，力道可以被减小，方法是启动新的力量——正确的想法和行动。这说明，放任态度是完全没有必要、实际上还有损于自身的。

如果我们相信大部分悲惨的困境都源于过往道德上的失职，面对受苦之人时应该采取什么样的态度？对他人的社会处境又该抱以怎样的态度？

我们是不是该按科学逻辑的态度说："你受的苦正是你该受的，我的朋友。我不能干涉正义的执行。"然后就去忙自己的事？我们是不是该认为同情是落伍的情操，慈善之心被惩罚原理变成了过时的美德？

对于这些问题绝不能轻率或者感情用事地回答。我们知道，一个道德败坏的杀人犯不可能学到必要的教训，如果目光短浅的感情泛滥者决定他在坐牢六个月之后就该被假释。我们知道如果一个过度宽容的老师每天都提前三个小时下课，学校教学日的课务就不可能被完成。我们知道假如溺爱的母亲不断减轻父亲给予的公正责罚，一个孩子就不可能学会服从。我们了解所有这些事，同时也明白，通过残疾和灾祸的形式降临到人类身上的束缚，实际上体现的是宇宙的教育意图。那么，我们又怎么敢干涉宇宙律法的执行呢？

假设我们看到一个被可怕疾病折磨得扭曲、可怜的受苦之人，生活在无法形容的穷困潦倒之中，我们会情不自禁地涌起怜悯之情。

印度的世袭阶级系统是根据摩奴[1]的古老律法制定。摩奴是一位伟大的立法者和哲人，和柏拉图一样宣称社会自然地分成特定的必要职业阶层。这种教诲演变成了社会习俗，而习俗进一步僵化成了社会条律。在这个近乎百分之九十的人口属于文盲的国度，流行的传统风俗和迷信进一步使这种僵化的制度更加迂腐刻板。

最低下的阶层包括那些做着最卑贱和繁琐工作的人们，他们成了“不可接触者”，理由是既然出身于如此卑下的等级，必然是在为前世的高傲和邪恶赎罪，因此而形成了听任因果报应的履行而不予干涉的逻辑。

如果我们承认印度人的第一个假定：我们无可避免地被过去牵引到自己应得的生命位置上；同时也认可他们的第二个关于社会阶层的假定（它建立在玄妙的宇宙真理之上，也被天主教会认同），我们看到他们的结论是合乎逻辑的。

但是，无论多么合理，这种解决方式总是显得悲哀。根据这种观点，人类就成了莱布尼茨[2]在《单子论》中描述的单子，一个个没有窗户的小小舱体，分别追逐各自的目标，按照自己的轨迹在空间中运行，对其他单子的进程抱着自给自足的冷漠态度。

对这一难题的思索，禁不住会使我们想起沃尔特·惠特曼那首简短而充满焦虑的诗篇《我坐而眺望》：

---

[1] 摩奴：印度神话中的人类祖先。

[2] 戈特弗里德·威廉·莱布尼茨（Gottfried Wilhelm Leibniz，1646—1716）德国哲学家、数学家。《单子论》是其晚期哲学系统的代表性作品，讨论了“单子”（Monads，意为单位，源自希腊语），一种单质的宇宙基本构成元素。

我坐而眺望世界的一切忧患，一切的压迫和羞耻，

我听到青年人因自己做过的事悔恨不安而发出的秘密的抽搐的哽咽，

我看见处于贫贱生活中的母亲为她的孩子们所折磨、绝望、消瘦，奄奄待毙，无人照管，

我看见被丈夫虐待的妻子，我看见青年妇女们所遇到的无信义的诱骗者，

我注意到企图隐秘着的嫉妒和单恋的苦痛，我看见大地上的这一切，

我看见战争、疾病、暴政的恶果，我看见殉教者和囚徒，

我看到海上的饥馑，我看见水手们拈阄决定谁应牺牲来维持其余人的生命，

我看到倨傲的人们加之于工人、穷人、黑人等的污蔑与轻视，

我坐而眺望着这一切——一切无穷无尽的卑劣行为和痛苦，

我看着，听着，但我沉默无语。

从惠特曼眺望世界无穷无尽的苦痛时的庄严的超脱和沉默态度，我们可以看到一个能在每种现象中看到起因、在每种起因中看到后果之人的那种真正的智慧。不作为的态度是哲学的特色衍生物，这不是由于冷漠或懈怠，而是来自看到因果关系链中的内在必然性的能力。惠特曼的这首诗看起来几乎是在宣扬面对人类遭遇的必要苦痛时的沉默无为的智慧。

但同时，我们也知道惠特曼曾有好几年在美国内战的战场上护理伤兵；他的奇异而相对孤独的一生同时也是慷慨的一生，在独居的情形下做出舍己

为人的贡献。那么，这首诗所表达的就不是他对待世界的全面观点，而只是部分感慨。它是一种心情、一种俯瞰群山的视角、一段也许与他更为活跃的日常生活主旋律相违的背景配乐。他在生命中对于他人的苦难并不是消极无为的，这是因为他极其富于爱的伟大美德。

事实上，正是爱，驳倒了事不关己的逻辑，尽管这种逻辑从理智上看很合理。爱是耶稣基督的首要意图。他专注于疗愈和教导的一生体现了这样一种坚定信念：无论一个人的罪孽是什么，都该向他伸出援助之手。埃德加·凯西的超意识自我当然不能与耶稣基督相提并论，但也示范了类似的富于同情的关怀精神，体现在他长达 40 年的帮助心灵困惑和肉体病残之人的努力之中。

正是这点，形成了凯西解读中一个最震撼人心的融会贯通之处——解读以明晰的方式重申生命的科学基础就是已被东方所接受的因果报应律；同时重申爱和服务的精神训诫，它们也是基督教诲的主旋律。

从某种意义上来说，外部世界和所有他人仅仅是一个试验场，我们通过他们学习自己所需的精神美德；而我们自己同样也是他人的试验场，他们也必须通过我们进修各自的功课。对前一条道理的铭记将能消除过度帮助他人的无谓担忧，对后者的了解则有助于我们保持谦卑和自重。自己的错失为别人造成的痛苦，与别人给自己造成的伤痛是一样的性质，但我们都是在通过彼此的过失修习提升。

这个微妙问题的另一层含义是这样一个重要事实：人类的意志是自由的，一切历史的微小细节并不是在虚幻意义上预先注定的。那么，我们帮助受苦之人的努力——无论他的苦难是身体上的、经济上的、社会上的还是心理上的——就不仅仅是在爱的美德上完善自我的经历；它也许还能成功地改变他人的心灵状态和认知，由此而转换他们的人生轨迹。

归根到底，我们必须意识到，行为的错失源自意识的谬误，行动的彻底转变只有通过心智的完全改善而实现。因此凯西解读在宣称心灵是缔造者这点上是极其正确的，因为除非一个人改变他的心智状态，尤其是修正他对于原创能量以及自己与之关系的认知，否则就永远无法清偿自己的负面。

我们已经引用过一个经常出现的句子：*你是在遭遇自己*。这句发人深省的警语揭示了仿佛每个重要经历都只不过是与过去的自己的神奇相遇。它更暗示出下面这一理念，我们只有通过推理和想象来加以理解：

如果宇宙可以在本质上被视为环形空间，那么所有的宇宙运动也就都趋向环形。任何类型的行为都包含对能量的运用。由意识发出的、影响外在物体的能量，会直接穿过那个物体，如同一道 X 射线刺穿固体，然后继续自己围绕宇宙的环形轨迹，直到最终回到它的发起者，其间经历的所有运行都未削弱它的能量。

因此，一个人对于猫的仁善行为客观地影响了那只猫，这种行为的能量继续在外界运转，直到最终作为善行回归那个人自身。类似地，对其他生灵的残酷行径也有其客观效果，但也沿着环形轨迹继续运转自己的生命动力，直到它最终作为残酷行为返回施放者。

无论如何，这一想法具有某种启发性力量，任何尝试以它为原则生活几天的人都会赞同。假如我们想象，自己施与别人的每个行为都是在开启它的环形旅程，结局都是分毫不差地影响自己，我们就会发现自己的某些冲动被抑制了，某些行为变得高尚，变化之快足以令人惊异。

当英国哲学家保罗·布伦顿宣称，西方文明的平安和幸存都取决于这一理念在大众思维中的复兴时，也许并不是夸大其辞；因为对于因果知识的正确理解，可以将人们引向成熟的生命方式——虔诚而不迷信、科学但不极端物质主义。这一理念赋予人们承担的勇气和挑战的胆量，使他能够抱着动态的顺应而非静态的服从态度，主动地接受自己行为的后果，因为他知道自己在每时每刻都有能力开启新的因果序列，创造不同的更丰沛充实的命运。

诚然，在终极意义上，造物主创造了人类。但在仅次于此的层面，人也是自己的创造者。人类对自己的设计和创造必须在这些界线之内发生。过去是限制者和维纪者，但同时也是解放者和良师益友。佛教徒说，在生命所有的变迁之中都应安详地谨记一点：*法就是我的藏身处*。对于那些明了一切律法的宏观益处之人，无论上述语句看起来多么不带个人情感，都与基督教的类似宣言“我投靠主”一样地使人感动、安慰和提升。因为律法就是主，主也就是律法。

第二十四章　恪守一生的哲学

多年以来造访凯西家的邮差递送了许多令人心碎的求助信。在解读后期的年份里，信件从世界各地飞来，包括南美洲、加拿大、英国，以及来自欧洲战场，驻守在遥远的太平洋、阿拉斯加和澳大利亚边哨的年轻士兵们。

阅读这些信件让人无法不心生哀怜。求助者列举的困境涵盖了人类苦恼的全部范畴。通读其中的一封就能让人开始理解，为什么数量巨大的解读耗尽了凯西的心力。当我们了解到他在面对每日邮件中洪水般的哀伤浪潮时无法允许自己有片刻喘息，这位人道主义者的伟岸精神就会显露无遗。

一些求助者在信中使用繁奥的多音节词汇表达自己受过高等教育的困惑，而另一些信件的文字水平就如下面这位女士：

> "我想请你为我作个爱情介读，不知行吗。我好像很困惑。我很想再婚，有一个家，以及家里该有的一切，但是害怕会选错了对象或者我不该想再婚，毕竟可能没人在要我。"

它们还体现出各种不同的心智成熟度，例如来自一位女士的信件：

> "我该怎样改变我丈夫和我的环境，才能创造健康、幸福，并增长

我自己的个人魅力？”

以及与之形成对照的一位年轻大学毕业生的简短请求：

“我需要一种属于自己的、能行得通的生活方式。”

但是无论文化程度的高低、富有还是贫穷、是否受过教育，这些求助者几乎无一例外地在信件中透露出属于人类的困扰和迷乱。无论是羞怯、内向、孤寂、病残、事业受挫还是不幸的婚姻，都是在关注改变自己命运的难题。

对类似解读所提建议的研究，有助于找到现存困难的解决之道。向凯西求助的人们几乎无一例外地被解读告知他们痛苦境遇的根源存在于自身。根据解读的说法，这是烦恼之人必须接受的首要事实。所有的困境归根结底都是自己制造的，因此也只能通过自我救赎。

这样的训诫看似简单，却常常难以接受。我们倾向于把自己拥有的一切看作理所当然，对自身的特点就像呼吸空气一样不假思索地接受。在绝大多数情况下，我们会自鸣得意地看待自己的个性；我们无意识的本能是将自己的人格素质作为衡量完美的标杆。

当领悟如解读所示般到来，我们就会发现自己不快乐或不自在的事实本身就是自身内部存在问题的标志，这会将我们从自满中唤醒。我们会停止责怪外界事物，不再永无休止地调整周围的一切，转而仔细检查自身，搜寻内在缺陷以及应当学习的课程。

无论我们面对什么样的难题——是孤独的生活、志趣不投的配偶、智障的孩子、自卑情结，还是受制于环境——都必须认识到，只有通过改变自我才能超越困境。自己的心态必须转换，行为必须改变。态度不应是苛求、责难、记仇、骄傲、冷漠、消极的，行为不该是自私、不知体恤、不合群的。外在的困境只有通过唤醒内心和灵魂的相应美德来化解。

培养和转变自身的最好方式是通过系统的宇宙观念和对人类—宇宙关联的认知进行。这样的系统观念蕴藏在所有的凯西档案中，如彩线般贯穿诸多的生命解读。从相关的个体解读框架中抽取的彩线织就了鲜明的法则图案。

这些法则在形成明确系统的生命观、宇宙观以及人类在宇宙之中命运的观点上，是一种哲学。它同时还为解决心灵在生命境遇中的实际问题提供了具体的方法，又是一种心理学。

对这套法则的概要试总结如下：

你是一个灵魂，栖居于一具身体之中。

生命是有其目的的。

生命是延续不息的。

所有人类的生命都遵循律法，

爱成全这一律法。

人类的意志造就他的命运。

人类的心灵具有塑造力量。

所有问题的解答都存在于自身之中。

在对以上原则的确认基础上，给予人类的劝诫是：

首先认识到你与宇宙原创能量的关联。

设定自己的人生理想和目标。

为实现这些目标而努力奋斗。

保持主动。

保持耐心。

保持愉快。

不要试图逃避任何困难。

使自己成为他人获取益处的渠道。

当今时代的天才之处在于愈来愈多地解放自然力量，例如我们在原子核心发现的不可思议的能量。在高度扩展的科学视野之下，“宇宙的原创能量”一词作为对一种中心一元源头的描述，也许比传统的“造物主”一词更易于理解，在意思上也更具冲击力，而后者已经被亵渎而流俗，因滥用而褪色。

整个显化的世界都是宇宙原创能量的表现形式，我们在其中生活、运动、存在。我们分享它的能量和至善至美的神性，也必须通过学习认识到自己与它的同一性。

我们每个人都是一个灵魂，是使我们得以存在的神圣能量的一部分。我们的存在与宇宙原创能量的关联就如光线之于太阳，滴水之于海洋。我们与自己身体的关系就如人类和他的居所或是外衣的关系。

生命有其目的

无论是从个人还是全局出发，生活都不是偶然发生的际遇。我们生命的最终目的是通过有意识地融于至善而再次回归主宰。我们起初曾与它一体；是对物质的无知依恋、分别心、骄傲和自私使我们从中分离。

“每个灵魂的天赋权力是自我了解而自我实现，同时保持与原创力量的同一。”

生命是延续不息的

意识的完善是缓慢的成长过程。虽然时间在根本意义上并不存在，但对于我们的三维感知来说仍然重要。

所有人类生命都依循律法

“要知道地球上存在着永不变更的精神律法。首先是同性相吸；你播种什么，必将收获什么；神是欺瞒不得的；你怎样对待你的友邻，也必将被他人同等对待。”

“阅读《约翰福音》的第 14、15、16、17 章。‘在我父的家里，有许多居所。’仔细参详，不是一时半刻，而是边做事边思考整天。谁是你的父？‘居所’是指什么？他的家里有许多居所又是什么意思？什么家？”

人类的生命遵循律法这一命题的必然推论是，无论我们当前的境遇是什么，对于我们的成长都是有必要的。人过去是怎样的，就决定了今天是怎样的。

“要知道，无论你处在什么境遇——一切心灵、身体和外在状况——都是由自己一手打造，并且对于你的发展是有益的。”

“永远不要自伤自怜，或者觉得被人亏待。你种的是什么，收的就是什么。要记住，如果不是你亏待别人在先，就绝不会有人亏待你，否则就是不合常理的，因为同性才会相吸。”

“在人生经历中，不要让内心时而产生的可鄙的冷漠左右你。要知道不论遭遇什么，都是为了你自身的提升，只要你在处理的时候能够遵循原创法则。”

“无论你面临什么样的处境，在当时都是最适合你的。不要回头。而是从现在的立足之处，抬起头，向前看。”

爱成全律法

“光明之子首先要去爱，因为，就算我有先知之能，精通无人知晓的语言，舍己身叫人焚烧，但没有人子的精神，没有基督意识、基督精神，我就什么也不是。

“那么就去效仿你的榜样，那个说只应‘尽心，尽意，尽性，爱主你的神；又要爱邻舍，伙伴，甚而仇敌，如同爱自己’的人。这就是律法的全部含义。”

人类的意志造就他的命运

在这个依律而有序的世界，人类是拥有自由意志的载体，分享着宇宙原创力量的创造力，也分享它的三重特性：爱、才智和意志。人类的意志使他“犯罪”，背离造物主的一元宗旨。也正是依靠意志，他可以改变自己灵魂的走向，让它再次与宇宙意志相谐。

“意志是一种力量，它可以与世间一切的原创能量的旨意一致，也可以相悖。无论将这种能量称作自然，还是别的名字，对其只有顺应和违逆两条路！要么融入它，要么背离它！”

“命运就是灵魂的意志在融入或背离原创能量时所行的事。”

“首先要知道，没有任何一种欲求或影响力比自我的意志还强大，能在任何方向上做它决定完成的事——无论是在身体、心智还是精神领域。”

“因为自我之中存在着创造力；这种创造力与神性的缺失的共同作用促成了生命的选择。一旦做出选择后，可能就会生成预感，无论是通过占星学还是别的方式，能够预见其结局。但是每个灵魂都被赋予了与生俱来的选择能力——在任何环境、任何条件、任何经历中！”

人类的心灵具有塑造威力

那么，在宇宙律法的限定范围内，人类的意志就是自由的，只有触犯了法律才会招致惩罚。我们的意志就是自己命运的推动力，而我们的心智则成为发号施令和塑造命运的媒介。这就是为什么在任何自我认知和自我提升的过程中，明确地树立理想都是首要的一步。

不仅如此，心灵是缔造者。这指的是总体心灵，我们每个人的心灵都是它的一段个性化碎片。心灵在灵体存在的所有层面上为一切物质元素编织它们的形成模式。

“因为每个灵体通过心灵的唱针在时空之中留下记录。”

“一旦自我投入角色，生命的形状也就随之裁成。”

“思想也是实物，心智就和柱子或大树一样真实。”

*　　*　　*

所有问题的解答都存在于自身之中

“答案在自身之内”，这句话在解读中贯穿始终、反复出现，显然包括了几个方面的含义。首先，每种困境的产生原因都能在个体自身找到，因为任何发生在我们身上的事情都是自己造成、自己应得的。外界环境只不过是像镜子般反射我们内心隐藏的问题。无论发生什么，我们都是在遭遇自我，因此通过深入的自我分析就能为我们所处的任何环境遭遇找出成因线索。

第二，在潜意识中留存着自从我们个体化以来经历过的所有事情的记忆。因此在我们心中存在着知识的宝库，只要在冥想的过程中让外部感官沉静下来，把注意力聚焦到内心，就能将之开启。

第三，我们的内心深处埋藏着灵性的光辉，我们通过这种神圣的本质与宇宙的原创能量合而为一。那么，任何问题的解决之道就是转而面向内心深处，求助于神性自我光芒四射的能量。

> “你应当分析自我，因为在自己之中能够找到你可能面临的所有问题的解答。人类的灵魂，以及它所有的生理和心理上的特性，都是整个伟大之灵的一部分，因此所有答案都存在于自身之中。
>
> “要知道——所有的力量、疗愈、助益都必然来自内在。”
>
> “对宇宙关联的认知，都已经在你的意识中存在，只等被你发觉。的确，必须运用物质来源的知识，但是要怀有对宇宙知识的信仰和信任。就如伟大立法者所云：‘不要盼望海上信使带来讯息；看哪，讯息就在你

自身之中，因为心智和灵魂都来自原初。’”

根据凯西解读，以上就是关于人类及其与世界关联的基本事实。它绝不是远离日常生活中的苦恼和普遍存在的心理调适问题的，这些基本原理自然而然地指向实际的生活哲学。

首先，在将这些理念转化为行动的努力中，一个人必须认识到自己与宇宙原创能量的关系。人类就如溪流，不可能高于他源头的水位；无论是否能意识到上述知识，他的行动永远是基于对自己来源和本体身份的某种假设。如果他的假定是错误的——机械论的、物质至上的、无神论的——他的人生就只能呈现错误、扭曲的面貌。

人类作为“映像”，在几种不同的意味上体现了这一说法的含义（尽管在现实生活中它已被严重曲解）。当他正确认知宏观世界的原型后，自己就能更加真切地成为折射宏观世界的宇宙缩影。他对于自己来源以及自己与其关系的认知，会在所有从最内到最外的各个方面影响他的整个一生。确乎其然，一个人对待自己身体以及其他同类的方式、利用时间的方式、运用精力的方向，都从根本上源于他对自己本体和宇宙关联的未经审核的假设、自发形成的观念。

“这是天生权力：让他人了解自己对于自我与原创力量关系的理念。”

问：“请告诉我怎样才能最好地帮助我的父亲？”

答：“帮助任何人的最好方式是将你的认知投射到你的生活中去。这就意味着奉献的人生。”

“要记住，一切即是一，若想理解你的友邻和仇敌，就看向自己的内心。因为你对你的邻人、朋友、敌人的所作所为，折射着你的认知。

“牢牢铭记这些真理，要知道自己的生命是神圣源头的一种显现方式，你的健康状况就是你对自己体内的神圣力量的信念和希望的展现。”

当人们通过努力认知了自己的精神本体与宇宙能量的同一性，进而明白了自己与其他所有灵魂的同一性（它们也同样地分享宇宙能量）之后，就该树立自己在物质、心理和精神方面的理想，并努力去实现它们。行动具有至高无上的重要性，仅仅是空口白话或是头脑中的认知是于事无补的。行动是诚挚精神的衡量依据，是实现真正提升的方式。“知而不行就是犯罪”是解读反复提及的观点。

“要清楚自己的理想，并且行动起来！即使做错了也比不做要强。要记住，那个只领了一千两银子的人将钱财埋了起来，后来正是他被质询，也正是他被收去了银子。”[1]

“尘世中的其他个体都和你自己拥有完全一样的权力，尽管他们也许在某些方面的学习进程稍有落后。因为知识，或者寻找知识之树的过程，就是罪恶。只有将你掌握的知识应用在增光的途径上，才是正道。”

“知识无法像斗篷一样披在身上，而是必须体现在实现既定理想过程中的内在成长上。”

[1] 这个故事出自《圣经·马太福音》25：14–30。

如果人们完全掌握了这些生命基本原理的含义，就必须耐心地对待自己投身其中的任何事业或境遇。因此耐心不是消极的态度，而是积极的美德。这是一种警醒的等待，主动而非被动的品质。这是灵体在认识到时间和空间在某种意义上不过是空幻的束缚之后，应会持有的态度。当意识脱去了时空的枷锁，耐心的美德就达到了完美。

“耐心不是消极或被动的，而是有益的美德，一种积极、主动的力量。因为若有人打了你的脸，主是否告诉你要退却？不！而是把另一边脸也转过来！在耐心中保持积极，在与他人的关系中保持主动。”

“那么现在就开始吧，在你的心态中播下灵性的种子，其中第一颗就是耐心。因为正是在耐心中，你拥有你的灵魂。正是在耐心中，你开始认识到身体只不过是殿堂，是外在的表象；心智和灵魂才是你恒常的居所。每个灵魂都是在这种成长过程中获取对自己与造物主关系的全面认知。”

同样的，愉悦也是那些明了自我本原和掌握精神律法之人的特征。“要快乐！”与“要良善！”是一对相辅相成的诫命。

“那些更近距离地与原创能量同行之人，心中的确应该充满了愉悦、快乐、平和、和谐。”

“你必要为自己所说的闲话负责。但并不是说你不能快乐。因为假如你失去了欢笑的能力，也就失去了快乐的能力。而基督生活的原则是愉悦！要记住，他笑过——即使是在去往卡瓦利[1]的路上——虽然这一情景很少被人描摹；他的确是笑着的。正是这点最激怒他们。”

“培养发现可笑事物的能力，保持欢笑的能力。要记得，主也常常微笑和大笑，即使是在去往蒙难地的路上。”

一个人除了该主动、耐心、愉悦，同时还应怀有某种超然的态度。不要对结果斤斤计较，就像初入门的园丁，不停地拔出萝卜苗，查看它们是否长大。只须种植、浇灌，并且谨记造物主会适时地赐予增长。不要为了收获和奖励而行善，而要为了这是美好、合宜、和谐、守法的行为而付出。

“不要自怜或者自责。活在你做的每件事中，付出行动，为取得最好的结果而努力，把结局交在主的手中，他会颁发所有完美合宜的礼物。”

最重要的是，一个人必须认识到困难——“假如你定要这么称呼它们的话”——实际上就是机会。没有必要逃避困难的局面，灵魂早晚都要进化出所需的能力，因此还不如现在就开始努力。

“要知道每个灵魂早晚都会遭遇自己，没有可以回避的难题，现在就面对它吧！”

[1] 卡瓦利：古代耶路撒冷城外的一座小山，耶稣在此被钉十字架而蒙难。

*　　*　　*

一切良性运转的系统都可被压缩和简化，上文中约束行为的基本原理和忠告也不例外。它们的萃取精华是以下简单明了的古老诫命：**要爱人如己**。

这条诫命也许看似陈腐的教条，但实际上是宇宙律法的简洁提要，因为根据解读的世界观，它影响着人类的命运。假如我们承认一种中央原创能量的存在，以及我们生命的目的是有意识地进化，通过对潜藏于自身内部的至美神性的认同而与之达成一致——如果我们承认这个观点，那么很明显，将知识以最简明扼要的方式浓缩而成的智慧精华就是：要爱伟大的原创能量，爱它千变万化的美，以及它的普世仁善目的，因此你要在生命中的所有领域为成为它的一员，为在自己身上体现它而奋斗。

假若我们也进一步认可这样的观点：我们在他人的意志自由和幸福之上造成的任何侵害会惩罚我们——只因我们也爱自己的康宁。

但是注重简洁效用的时代已经过去。人类不再处于婴儿期，他需要更加强有力的固体食品——确切、理智、明晰的知识。西方世界的许多人无法接受东方宗教世界观，尽管它们被凯西解读再次肯定。它在心理学领域是可信的，在道德上是合理的，在科学上是可能的。它指引了生活的目标，提供了旅途上的北极星，确保他们的人生并不是在自己不具备根本控制权的各种无意义的混乱因素中迷失自己。

结语

当我们纵览科学的历史，会注意到伟大和革新性的发现常常是从不太可能的源头发展而来。抽搐的青蛙腿和一块发霉的面包不像是发明原电池和神奇药品青霉素的吉兆，却正是它们问世的由来。伽利略受到意大利教堂中摇摆的吊灯的启发而发明了天文摆钟[1]，溢水的浴盆为阿基米德提供了线索，使他得以阐明流体静力学的一个重要定律。

历史为我们展现了数不清的类似例证。这让我们不得不承认，真理可以在卑微之处揭示；那么，当我们看到一位学历不高、文法不精的人，无意识地躺在一张沙发上，就能够为一种关于人类生命的革命性学说提供重要的推论性证据，也就不必太过诧异。

这些证据存在于七种主要事实之中，下面将一一列举：

其一，在数以千计的案例中，解读做出的性格分析和对环境的描述都是准确的，即使是对于相隔千里外的全然陌生人。

其二，对成年人以及新生婴儿未来职业才能和其他特质的预言后来

[1] 严格来说，伽利略受吊灯启发发现了摆的等时性原理，而在此基础上发明出摆钟的是惠更斯。

都被证实是精准的。

其三，心理特质被言之成理。

其四，在长达22年的时间里，解读资料是前后一致的，也就是说，在不同时期分别做出的大量解读中，彼此之间在基本原理和微小细节上都相互应和。

其五，解读中出现的生僻历史细节通过对历史文献的查询而证实，默默无闻的人物信息在解读提示的地点被找到。

其六，它们为那些接受解读和听从了建议的人的生活带来了真实有益的转变性影响，包括在心理、职业和身体方面。

其七，包含在解读、推导出的哲学和心理学理论体系，与有关精神生活的一切已知事实都是一致、调和、充分印证的，并且有助于为那些尚不明确的心理问题提供新的解释。此外，它也符合已经在印度流传了许多个世纪的古老而高尚的哲学。

综上所述，尽管推论性证据不一定是决定性的，但常常属于有效证据。要知道，即使关于地球形状的证据也只不过是推论性的——没有人见过整个球形的世界[1]，而原子的存在也只不过是推理性的知识——也没人亲眼见过原子。但是借助推论的力量，我们成功地完成了环球航行，也发明出了原子弹，它们的效果确乎真实。

为此，有几种可供采取的途径。第一种是通过科学方法在实验室中证明，

[1] 人类第一次看到地球的全貌是1972年12月阿波罗17号在太空中拍摄的照片，晚于本书的写作时间。

前提是应用了恰当的技术。这是一个重要的前提，因为若要钻研现实世界的全新地层，就必须使用尖端探测技术。

催眠术无疑会成为最直接可行、最富于成果的科研技术，可以通过对多人进行催眠实验。如果按这种方式诱导出的记忆能够通过历史记录和个体精神生活、环境的已知事实进行客观查证，这些资料就能形成支持转世理论的有效推论性证据。

第二种可能的方式是由经过训练参与实验和临床应用。具有洞察感知能力的人可以与心理学研究者和治疗者合作，临床记录本身就会形成重要的证据体系。

这类证据与凯西解读提供的证明非常类似，但也存在一个重要的区别。凯西解读对于接受帮助之人的生活产生了重大影响，无数笔录资料证实了它们的准确性和疗效。但是缺乏训练有素的调查者对它们的管理过程进行监督，缺乏系统化的后续调查，在取得解读的同一时间，没有做出相关的精神病学或心理学分析。

这绝对值得认真严肃的调查，因为一经证实，它将澄清一切、赋予一切新的生命，带来无比巨大的变革。因为这样的知识将带来前所未有的高尚和勇气。它还将带给我们新的宇宙视野——五光十色，美妙异常，带来新的对所有人类生命的认知——更微妙也更深入，以及面对生命中一切形形色色的迷惘、灾难和悲痛时抛下包袱轻身上路的能力。